SEKI Takahiro MATSUMURA Yuta
関 貴大・松村 雄太 著

秀和システム

はじめに

近年、「環境」は世の中の一大トレンドとなりました。日本の街中でも環境に配慮した製品・サービスであることを示す広告をよく見かけるようになりましたし、SDGsバッジをつけている会社員の方も増えてきています。

SDGsだけでなく、ESGやパリ協定、サステナビリティといった環境用語も徐々に世の中に浸透しつつあります。続々と生み出される言葉の中には、あまり使われずに消えていってしまう言葉もありますが、新たな言葉は世の中に新たな価値観を吹き込んでくれます。

GXも、近年生み出された新たな言葉です。環境と経済を両立させる構造的な改革という、新たな価値観を一語で表すことができる言葉であり、岸田首相も精力的にGXの普及を推し進めています。ただ、まだまだ黎明期であり、世間一般には浸透していないのがGXの現状です。

持続可能な社会の実現に向け、GXは必要不可欠です。環境を意識しすぎるあまり、経済活動を抑制してしまうのは本末転倒だからです。環境と経済成長は、そのどちらかしか追い求めることができないトレード・オフの関係ではなく、その双方を両立するトレード・オンの関係になり得ます。それを実現するのがGXです。

本書では、GXを基礎から身に付けられるよう、具体例を交えつつ解説しています。また、最新テクノロジーとの関係性や、投資にも役立つ指標も含め、実践的な学びにつながる構成となっています。

GXの普及はまだまだ黎明期ですが、本書がGXの世間一般への浸透の一助に、そして持続可能な社会実現の一助になると幸いです。

2023年8月　関（せき）　貴大（たかひろ）

GXや環境・サステナビリティに関する最新情報をTwitterにて発信しています。ご興味ある方は是非フォローをお願いします。ご感想・ご連絡もメール／Twitterまでいただけますと幸いです。

■ e-mail

takahiroseki1717@gmail.com

■ X（旧Twitter）

https://twitter.com/takahiro_sek1

@takahiro_sek1

●注意

⑴ 本書は著者が独自に調査した結果を出版したものです。

⑵ 本書は内容について万全を期して作成いたしましたが、万一、ご不審な点や誤り、記載漏れなどお気付きの点がありましたら、出版元まで書面にてご連絡ください。

⑶ 本書の内容に関して運用した結果の影響については、上記（2）項にかかわらず責任を負いかねます。あらかじめご了承ください。

⑸ 商標

本書に記載されている会社名、商品名などは一般に各社の商標または登録商標です。

図解ポケット
GX(グリーン・トランスフォーメーション)がよくわかる本

CONTENTS

CHAPTER 3 GX関連のキーワード

CHAPTER 4 今後のGXを支えるテクノロジートレンド

CHAPTER 5 企業がGXに取り組むメリット

CHAPTER 6 GXの取り組み事例

CHAPTER 7 GX投資

GXの基礎知識

言葉は生きもので、新しい言葉はどんどん生まれます。一時的な流行り言葉で終わる場合もあれば、私たちの生活に強く根差す言葉となる場合もあります。「ナウい」のように、一時的に流行したものの今どき誰も使っていない言葉もあれば、「黙食」のように社会情勢を受けて定着した言葉もあります。

また、自然に生まれる言葉もあれば、意図を持って生み出される言葉もあります。「GX」は後者、つまり意図を持って生み出された言葉です。

しかし、カタカナやアルファベットの言葉は一見キャッチーだけれども、実際のところよく理解されていません。GXを一時的な流行り言葉で終わらせることなく、現代社会に必要な言葉として定着させるためにも、本書を通じてGXを理解していきましょう！

環境保護と経済成長の両立

これまで、環境保護と経済成長の両立は不可能とされてきましたが、こういった認識は近年変わってきています。私たちはどのような方向に進んでいけばよいでしょうか。

1 環境と経済成長はトレード・オフだった

環境と経済成長は**トレード・オフ**の関係、つまりどちらかを取ると、もう片方は犠牲になるものであるとされてきました。世界は経済成長を優先し、環境をないがしろにしてきました。化石燃料を中心とするエネルギーをガンガン使い、汚染物質を大気や海・川に垂れ流してきました。

結果として地球温暖化に代表される気候変動、大気汚染、水質汚濁、生物の絶滅などの環境問題が世界各地で発生しています。日本においても4大公害病など深刻な環境問題が発生し、人々の生活を脅かしました。現在でも多くの途上国は深刻な環境問題に苦しんでいます。

2 これからはトレード・オンの時代

経済成長のみに焦点を置く経済・社会スタイルは持続可能ではありません。ただし、環境のみに焦点を置くと経済が回りません。したがって、環境を守りつつ経済成長をする必要があるのです。つまり、これからの時代では環境と経済成長を**トレード・オン**の関係に変えていく必要があるということです。

そのトレード・オンを実現するのがGX（Green Transformation）です。環境関連の技術や仕組みに重点的に投資を行い、社会・経済構造そのものを変革させることで、環境と経済成長の双方を両立させます。環境と経済成長がトレード・オフであった時代は終わり、環境問題・社会課題を解決しつつ、経済成長を遂げるようになるということです。

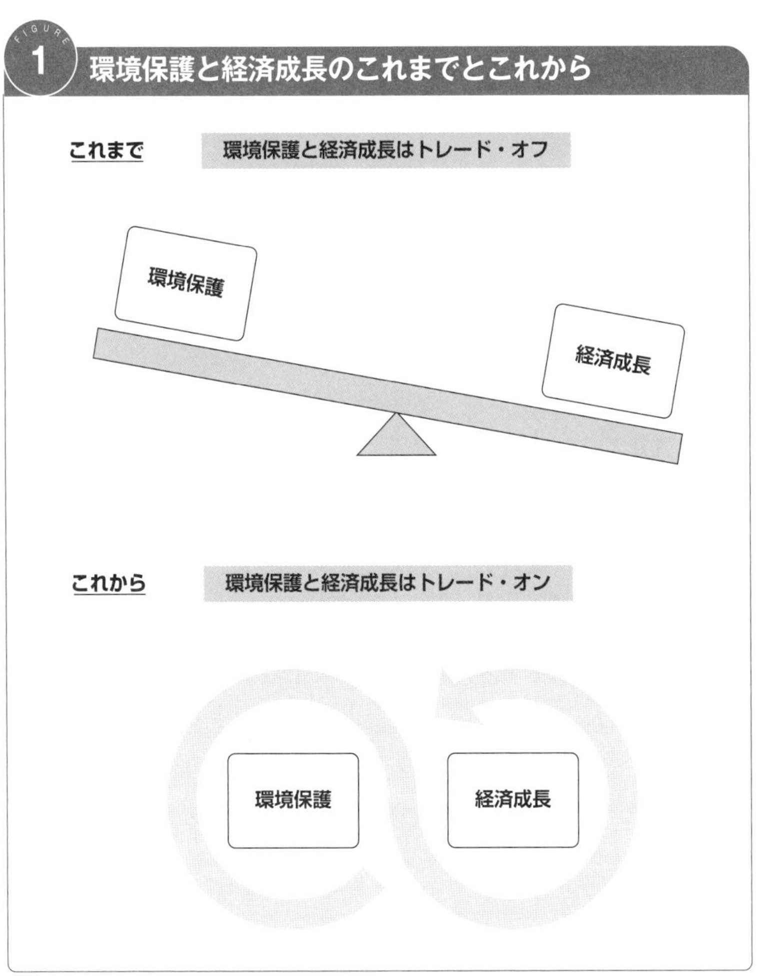

再生可能なクリーンエネルギーに転換

現代社会は化石燃料由来のエネルギーを中心に回っています。

1 化石燃料によるエネルギーは持続不可能

石油、石炭、天然ガスなど、太古の昔に蓄積した生物が化石化することで生成されたエネルギー資源を**化石燃料**と呼びます。自動車や飛行機での移動、冬場の暖房、工場の稼働など、私たちの生活において欠かすことのできないエネルギー源です。日本では火力発電による発電割合が７割を超えており、エネルギー供給を化石燃料に大きく依存しています。

化石燃料は広く使われているものの、様々な問題を引き起こします。燃焼すると、温室効果ガスであるCO_2および大気汚染物質である**窒素酸化物**（NOx）や**硫黄酸化物**（SOx）を排出します。さらに、埋蔵地域が中東に偏在していること、埋蔵量に限りがあるため使い続けると枯渇してしまうことなど、問題は山積みです。

2 GXによる再生可能エネルギーの導入拡大へ

再生可能エネルギーは化石燃料の持つ種々の問題を解決してくれます。発電にあたりCO_2や汚染物質を排出しませんし、偏在なく無限に使えます。一方、理想的に聞こえる再生可能エネルギーにも、発電量が天候に左右される、設置場所が限られるなど様々な課題があります。

そこで、そうした障壁を乗り越え、再生可能エネルギーの技術開発・導入を促すのがGXです。GXを通じ、官民で多額の投資を行うと共に法整備や枠組み作りを政府主導で進めることで、2050年までに**カーボンニュートラル**を実現する計画となっています。

GXによる再生可能エネルギーへの転換促進

化石エネルギー	**●エネルギー源** ・石油、石炭、天然ガスなど **●特徴** ・CO_2を排出し、温暖化に寄与 ・NOx、SOxを排出し、大気汚染に寄与 ・中東に偏在 ・数十年以内に枯渇の見込み
GX	**●再エネの技術開発・導入拡大を促す** ・多額の投資による技術開発 ・多額の補助金による導入拡大 ・再エネ導入の法整備・枠組み作り
再生可能エネルギー	**●エネルギー源** ・太陽光、風力、水力、地熱など **●特徴** ・CO_2や大気汚染物質を排出しない ・エネルギー源に偏在がない ・ほぼ無限に利用可能 ・天候や時間により発電量が左右される

経済・社会システムや産業構造を変革させて成長

表面的な改革では終わらず、構造から変えていくのがGXです。

1 構造から変革していく

GXでは、表面的な環境保護施策や経済成長促進施策ではありません。根幹のシステムや構造そのものを変えていくのがGXです。従来はCSR等の名の下、各企業が個別で環境保護施策を行ってきました。一方GXでは、GX実行推進担当大臣による強いリーダーシップの下、産官学が強力して法改正や枠組み整備を行います。

2 自動車業界での改革事例

日本の基幹産業である自動車産業は、2050年までに自動車ライフサイクル全体での**カーボンニュートラル**、2035年までに乗用車新車販売で電動車100%という目標を掲げています。今後、自動車の使い方・作り方が大きく変革していく中で、サプライチェーン全体でGXを通じた構造改革が行われています。

GXの一環として、**CASE***と呼ばれる自動車業界の新たな流れも受け、2兆円規模の**グリーンイノベーション基金**による次世代電池や水素サプライチェーンの構築、クリーンな合成燃料の開発が行われています。また、**EV・燃料電池車**の充電や**水素スタンド**といったインフラの整備や、IT産業との協業、**MaaS**に代表されるモノづくりからサービス業への転換など、様々な施策が推進されています。

＊ **CASE**　自動車業界の新たな潮流である、Connected（コネクテッド）、Autonomous（自動化）、Shared（シェアリング）、Electric（電動化）の頭文字を取ったもの。

FIGURE 3 GXによる構造変革イメージ

[生活者の意識 / 行動変化]

- 脱炭素商品が市場に明示的に提供され、生活者も適切な対価を払って付加価値を得る。
- 環境問題と自分の生活は二項対立ではなく同じ問題。
- エコは我慢ではなく、自らの幸福（美意識、カッコよさ）、世界への貢献。

官：意識変革 / 供給基盤の整備

学：教育浸透 / 技術革新

価値提供・市場創造

応援 / 購入

[企業の意識 / 行動変化]

【GX 企業群】
GX により成長する。
（成長を確信してビジネスの変革を進める）

GX 実践企業

- 2050CN*の実現に向けて明確な目標を定め、そこに向けての活動を実行する。
- 上記目標 / 活動を積極的に発信する。

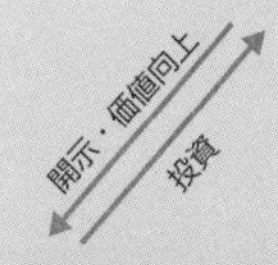

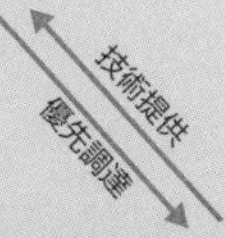

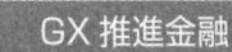

- GX を推進する企業に対して積極的な投資 / 支援を行う。
- 上記指針を積極的に発信する。

開示・価値向上 ← → 投資

- 2050CN の実現に向けたイノベーションに積極的に取り組む。

＊ CN　Carbon Neutral の略。

出典：経済産業省、https://www.meti.go.jp/shingikai/energy_environment/carbon_neutral_jitsugen/pdf/009_01_00.pdf

地球温暖化対策の1つであるカーボンニュートラルが基軸

日本は2050年までにカーボンニュートラルを実現すると宣言しました。

1 カーボンニュートラルとは

CO_2や**メタン**（CH_4）などの代表的な**温室効果ガス**は炭素（カーボン）を含みます。温暖化を抑制するために、こうした炭素の排出ゼロを目標としたいところですが、経済との両立のためには現実的ではありません。

そこで、炭素の排出を正味（ネット）ゼロにする、つまり人間活動による炭素の排出と、森林管理・植林や炭素回収技術などによる炭素吸収を差し引きしてゼロにしましょうというのが**カーボンニュートラル**の考え方です。

2 GXによりカーボンニュートラルを実現

カーボンニュートラルの実現は一筋縄には行きません。なぜなら、現在の社会・経済活動では、多大なエネルギーを利用しているからです。そのエネルギーをネットゼロにするためには、大きな変革が必要です。

そこで期待されているのがGXです。社会や経済の構造から変えていく変革であるGXを通じ、新たな技術の開発・導入や、再エネの普及、機械化・AI活用による省エネ・省人化などにより、産官学を巻き込んでカーボンニュートラルを目指します。

直近の目標は、2030年に温室効果ガス排出量をマイナス46%（2013年比）とすることです。それに向け、「GX実現に向けた基本

方針 ～今後10年を見据えたロードマップ～」を作成し、国を挙げてGXを推進しています。

FIGURE 4 カーボンニュートラルとは何か？

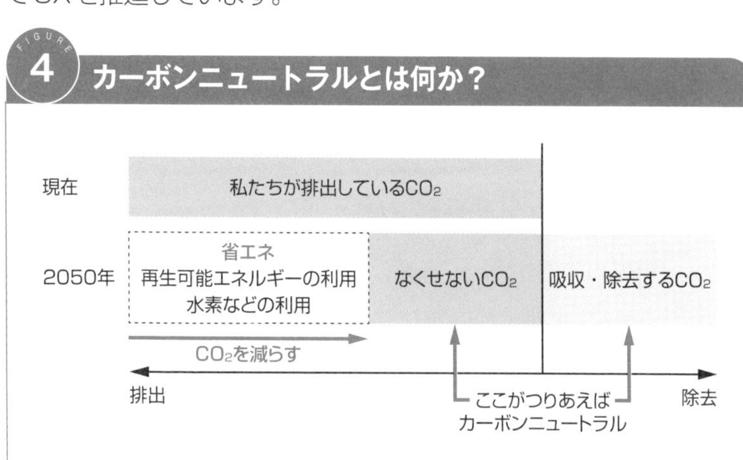

出典：省エネ家電スマートライフ、https://shouene-kaden.net/learn/carbon_neutral.html

FIGURE 5 主要各国のカーボンニュートラル目標

	2020年	2030年	2040年	2050年	2060年
日本		2013年度比で46%減、さらに50%の高みに向けて挑戦（気候サミットにて総理表明）		カーボンニュートラル（法定化）	
EU		1990年比で少なくとも55%減（NDC）		カーボンニュートラル（長期戦略）	
英国		1990年比で少なくとも68%減（NDC）		カーボンニュートラル（法定化）	
米国	2021年1月パリ協定復帰を決定	2005年比で50～52%減（NDC）		カーボンニュートラル（大統領公約）	
中国		2030年までにCO_2排出を減少に転換（国連演説）			カーボンニュートラル（国連演説）

出典：経済産業省、https://www.enecho.meti.go.jp/about/whitepaper/2021/html/1-2-2.html

産官学が一体となる取り組み

GXの実現には産官学が一体となり相互に協力する枠組みが必要になります。

1 産官学の一体化が欠かせない

GXは政府や企業の単体での取り組みではありません。産官学が相互に協力して推進すべき取り組みです。今までは、各**ステークホルダー**が単体で取り組みを行ってきたため、円滑な推進に難がありました。

例えば、先進的な取り組みに法整備が追い付かない、大学など研究機関による画期的な技術開発が資金不足で継続できない、競合他社と協業するきっかけがないなど、様々な課題に直面してきました。

FIGURE 6 産官学の取り組み例

主体	取り組み例
産	・事業を通じたGXの推進 ・再エネの導入、省エネや省人化の推進 ・新技術への投資
官	・協業の枠組み整備（GXリーグなど） ・GX推進に際する法整備 ・GXに関する投資・補助金の整備
学	・GXに関する研究開発の推進 ・GXに関する教育・人材育成の促進

今後は、GX実行推進担当大臣の下で**GXリーグ**など様々な協業の場が設けられ、産官学が一体となった取り組みが促進されます。今までの課題が解決され、カーボンニュートラルに向けた産官学の協業が大きく進むことが期待されます。

FIGURE 7 蓄電池人材育成コンソーシアムの事例

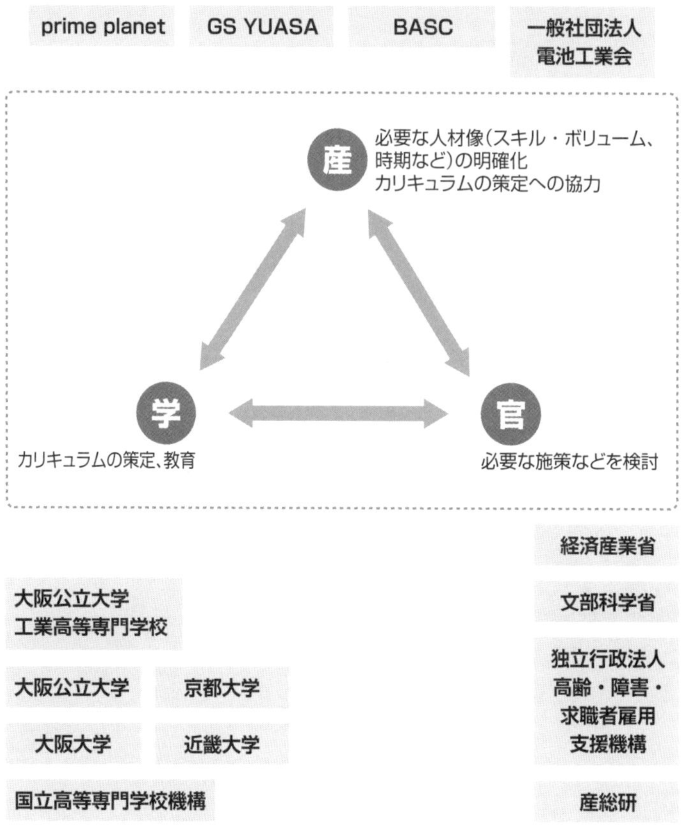

出典：産官学一体化の事例（関西蓄電池人材育成等コンソーシアム）、経済産業省、https://www.meti.go.jp/shingikai/sankoshin/shin_kijiku/pdf/012_03_00.pdf

Column

再エネ導入が日本の安全保障に？

GXを進める中で、太陽光発電や風力発電といった再エネの導入を推進している企業や自治体も数多くあります。CO_2を排出しない再エネは、2050年のカーボンニュートラル実現に向けた主力施策の1つです。その再エネ導入が、気候変動対策だけでなく、安全保障の観点でも役に立つことをご存じでしょうか？

日本は資源の少ない国です。石油や石炭といった化石燃料がほとんど採れないため、海外からの輸入に依存しており、2022年時点での日本のエネルギー自給率は約12%に過ぎません。

国際情勢が安定している間は、エネルギー自給率が低くても特に問題はありません。しかし、エネルギー資源は中東やロシアといった情勢が不安定な地域に偏在しています。したがって、資源を海外に依存している日本は、海外の情勢に大きな影響を受けてしまいます。1970年代に2度発生したオイルショックがその代表例で、近年ではロシア情勢の影響を強く受けてしまっています。

資源が輸入できなくなると、日本国家の経済や社会は途端に破綻してしまいます。電気が止まり、工場が止まり、物流が止まり、人の移動も止まります。仕事もなくなり、国民も路頭に迷ってしまいます。したがって、エネルギーの安定的な確保は国の最重要課題なのです。

そこで登場するのが、再エネです。太陽光や風力といった自然を由来とするエネルギーは、枯渇せず偏在もありません。したがって、再エネを導入することで日本国内でエネルギーを自給することができるようになるのです。すると、海外へのエネルギー依存を減らすことができ、結果として国家の安定的な運営につながります。

再エネは脱炭素の側面ばかりに着目されがちですが、回りまわって日本の安全保障につながるという観点でもぜひ動向をウォッチしてみてください。

GXが注目される理由

パリ協定やカーボンニュートラルの流れを受け、世界では「グリーン」「サステナブル」といった環境関連の言葉がある種のバズワードとなっています。

関連して、新たな環境関連の言葉である「GX（グリーン・トランスフォーメーション）」にも注目が集まりつつあります。「GX」を単なるバズワードとしての認識で終わらせるのではなく、どういった経緯で、なぜ注目されていて、今後の方針はどうなっているのか、具体例を交えつつ学んでいきましょう！

CHAPTER 2

1 地球温暖化問題の深刻化

地球温暖化の影響は深刻化しつつあり、実害も出ています。手遅れになる前に早急な対策が必要です。

1 地球温暖化とは

地球温暖化とは、二酸化炭素（CO_2）やメタン（CH_4）といった温室効果ガスの影響で地球の気温が上昇する現象です。気候変動に関する国際組織である**IPCC**は、地球温暖化の原因が人間の活動によるものであるとしています。石油や石炭といった化石燃料を燃やすことで発生するCO_2が主な要因だと考えられています。

また、温室効果ガスであるCO_2やCH_4の「C」は炭素を指します。転じて、炭素を大気中に放出しないような活動は**脱炭素**と呼ばれています。「脱炭素」も近年の世界的なトレンドです。

2 主に途上国で深刻化

日本に住んでいる限り、猛暑や暖冬の年が多いような気がする程度でしか地球温暖化の影響を感じられないかもしれません。しかし、特に途上国において、既に深刻な問題が発生しています。

例えば、台風やサイクロンといった熱帯低気圧の発生頻度やその強さは増しており、フィリピンでは洪水や強風により人体や住居、農作物へ多大な被害が出ています。また、氷河が溶けたり、海水が膨張することによる海面の上昇で、標高の低い**ツバル**や**キリバス**といった珊瑚礁の島国は水没の危機にあり、既に移住を強いられた住民も出ています。

FIGURE 8 地球温暖化の影響

途上国は特に
温暖化の影響を
受けやすいです。

新しい資本主義の4つの柱の1つ

2021年、岸田文雄氏が第100代の首相となりました。岸田首相は「新しい資本主義」を掲げています。

1 GXを通じたカーボンニュートラルの実現

パリ協定の採択を受け、世界各国が2050年までのカーボンニュートラル目標を掲げています。日本も2021年に当時の菅首相が2050年までにカーボンニュートラルを達成することを宣言しました。

菅首相の演説においても、「もはや温暖化への対応は経済成長の制約ではありません。温暖化対策を行うことが産業構造や経済社会の変革をもたらし、大きな成長に繋がるという発想の転換が必要です」と表明されています。GXを通じ、環境と経済がトレード・オンの関係となることが期待されています。

2 新しい資本主義：4本の柱とは

岸田首相は、「人への投資」「科学技術・イノベーションへの投資」「スタートアップへの投資」「GX及びDXへの投資」の4つを、**新しい資本主義**の重点投資分野における4本の柱としました。

柱の1つである「GX及びDXへの投資」においては、カーボンニュートラル実現に向け、今後10年間に官民協調で150兆円のGX投資を行う想定です。再生可能エネルギーや脱炭素に関する新技術、省エネなどへの投資を行うとしており、関連分野の急速な発展や、国内外からの資金の流入が期待できます。

FIGURE 9 新しい資本主義 4本の柱

新しい資本主義

4本の柱	具体策
人への投資	賃金引上げ・所得倍増プラン策定、副業の拡大
科学技術・イノベーションへの投資	量子、AI、バイオ、医療分野への投資
スタートアップへの投資	スタートアップ育成計画立案、起業家教育推進
GX及びDXへの投資	・再生可能エネルギーへの投資 　・洋上風力発電 　・太陽光発電 ・脱炭素に関する新技術への投資 　・水素・アンモニアエネルギー 　・炭素回収・貯蓄技術（CCS） 　・カーボンリサイクル技術 ・省エネへの投資 　・住宅・建築物の省エネ化 　・半導体の省電力化

「新しい資本主義」で
柱の１つとなるGXとDX。

GX実行推進担当大臣の新設

岸田内閣では、新たにGX実行推進担当大臣を設置しました。GX実行推進担当大臣とはどのような職務を担うのでしょうか。GX推進においてどのような影響を与えるのでしょうか。

1 GX実行推進担当大臣とは

2050年のカーボンニュートラル実現に向けて国を挙げてGXを推進するため、2022年に新たに設けられた担当大臣が**GX実行推進担当大臣**です。岸田首相は、GXを実現することで日本の経済・社会・産業構造を転換していくとしており、その先導役を担います。

現在は西村康稔氏が「GX実行推進担当大臣」です。西村大臣は、経済産業大臣、ロシア経済分野協力担当、原子力経済被害担当を兼任しています。日本政府としても、経済や安全保障、エネルギー政策とGXは強く関連していると考え、その横の繋がりを重視するため西村大臣が兼任することになったと推察できます。

2 GX推進における心意気の現れ?

「GX実行推進担当大臣」の設置は、日本政府主導でGXを推進し、脱炭素社会を実現するという強い心意気の現れだと言えるでしょう。2050年にカーボンニュートラルを実現すると宣言した日本政府は、国の威信をかけてカーボンニュートラルを実現する必要があります。

EU諸国と比較すると、日本のGXは遅れをとっています。ここから挽回していくために、国主導で民間を巻き込みGXを実現していくことになります。その舵取りが「GX実行推進担当大臣」となるのですね。

「GX実行推進担当大臣」の設置が形だけで終わらずに、GXを通じて長い間低迷している日本経済を活性化し、持続可能な経済発展を遂げるきっかけとなることを願います。

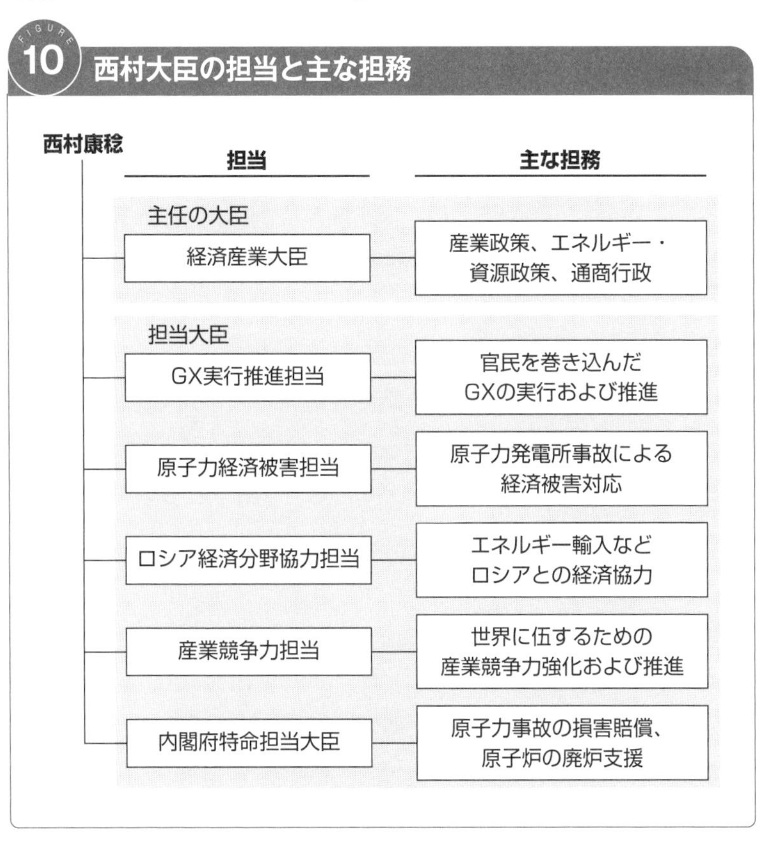

FIGURE 10 西村大臣の担当と主な担務

GX10年ロードマップの策定

サステナビリティは長期的な観点で考える必要があり、その実現手段としてのGXも長期的視点が必要です。

1 GX10年ロードマップとは

2050年のカーボンニュートラル実現に向け、日本政府は様々な取り組みを開始しています。その1つがGXであり、今後10年を見据えた取り組み内容を「GX実現に向けた基本方針 ～今後10年を見据えたロードマップ～」としてまとめています。

再エネやGX関連新技術への投資促進策や、企業などが排出するCO_2に価格をつける**カーボンプライシング**、公的資金と民間資本の組み合わせによりサステナブルな投資を促進する**ブレンデッド・ファイナンス**など、様々な施策が具体的に打ち立てられています。

2 長期的な観点が重要

サステナビリティ関連の取り組みを進めるにあたり、短期的に実績を生み出すことは難しく、長期的に考える必要があります。官民共同でGXを推進するにあたり、民間企業の取り組みも非常に重要ですが、日本企業は欧米企業と比較して長期的な視点が不足していると言われています。事実、多くの日本企業は3～5年の「中期経営計画」のみをマスタープランとしています。

短期的な目線だけでは、目に見える実績を追い求めてしまいサステナビリティに反する行動を起こしてしまう恐れがあります。しっかりと長期的観点でゴールを定め、そこから逆算して計画を立案し、短期的な実績に目を奪われることなく歩みを進めることが民間企業にも求められます。「GX実行推進担当大臣」がその舵取りを上手く行えるか注目です。

FIGURE 11 今後10年を見据えたロードマップの全体像

		2023 2024 2025 2026 2027 2028 2029 2030 2030年代
規制・支援一体型投資促進策	支援	官民投資の呼び水となる政府による規制・支援一体型投資促進策
	規制・制度	規制の強化、諸制度の整備などによる脱炭素化・新産業の需要創出
カーボンプライシングによるGX投資先行インセンティブ	GX経済移行債	「GX経済移行債」（仮称）の発行
	GX-ETS	試行（2023年度〜） → 排出量取引市場の本格稼働（2026年度〜） 更なる発展
	炭素に対する賦課金	炭素に対する賦課金（2028年度〜）
新たな金融手法の活用	国内	ブレンデッド・ファイナンスの手法開発・確立 → ブレンデッド・ファイナンスの確立・実施
	国内外	グリーン、トランジション・ファイナンス等の環境整備・国際発信／サステナブルファイナンスの市場環境整備等 → 産業のトランジションやイノベーションに対する公的資金と民間金融の組み合わせによる、リスクマネーの供給強化
国際展開戦略	アジア	AZEC構想の実現による、現実的なエネルギートランジションの後押し
	グローバル	クリーン市場の形成、イノベーション協力の主導

出典：GX10年ロードマップ、経済産業省、https://www.meti.go.jp/press/20

経団連もGXを推進

GX実現には官民の協力が欠かせません。日本の大手企業で構築される経済団体である経団連も、民間企業のGX推進を後押ししています。経団連の取り組みや、民間企業がGXに協力するメリットについてご説明いたします。

1 経団連の取り組み

経団連は**サステイナブルな資本主義**を掲げ、経済の活性化に邁進しています。その一環として、GX実現に向けた様々な提言を政府や民間企業に対して行っています。

日本政府と同様、経団連もGXを成長戦略の柱として位置づけており、イノベーションの担い手として先駆的な役割を果たす覚悟を持つと公表しました。経済界トップの力を利用し、政府に対し**GX政策パッケージ**の制定を提言するなど、トップダウンでの民間企業GXを後押ししています。

2 民間企業がGXに協力するメリット

日本政府は2050年までにカーボンニュートラルを実現すると世界に発信しており、実現に向けてはGXが欠かせません。一方、民間企業にはそのようなインセンティブはなく、メリットがないように見えます。しかし、民間企業がGXに協力するのは政府からの要求、つまり受動的な理由だけではないのです。

民間企業がGXに取り組む最大のメリットは、投資家や消費者から選ばれ続けるということです。逆に、GXに取り組まない企業は選択肢から外れ、生き残れません。

既に近年、ESGの観点での事業運営は必須で、ESGに少しでも反すると、投資家も消費者も離れていきます。また、GXに伴い経営が効率化され、利益の上昇が見込まれます。それに順じて賃金も上昇するでしょう。GXを通じ、バブル崩壊以来低迷し続けている日本経済が活性化されることが期待されます。

FIGURE 12 GX政策パッケージ

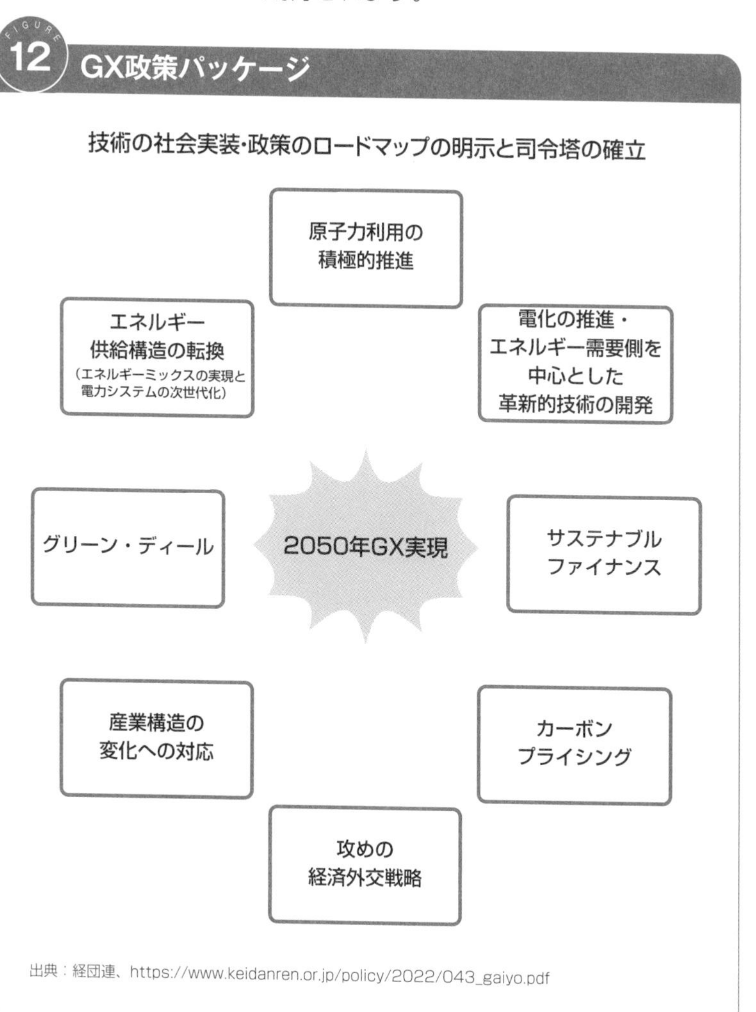

出典：経団連、https://www.keidanren.or.jp/policy/2022/043_gaiyo.pdf

経済産業省が推進する「GXリーグ」

今までは各企業が個別でGXを推進していましたが、経産省によりGXに特化した会議・コラボレーションの場が創設されました。

1 GXリーグとは

各企業と政府や大学・研究機関がGXに向けた議論を交わし、自ら以外のステークホルダーも含めた変革を実現する場が**GXリーグ**です。経済社会システム全体の変革を目指すとしており、2022年3月末の時点で440社が「GXリーグ」に賛同しています。

2 GXリーグの活動内容

産官学が一環となって取り組みを進める「GXリーグ」の活動は、4本の柱からなります。

①自主的な排出権取引（**GX-ETS**）*
②市場創造のためのルール形成
③ビジネス機会の創発
④GXスタジオ

政府や他社、研究機関との議論・コラボレーションなどを通じ、単体では実現できなかったような、新たな価値を創出するきっかけを生み出すことができるようになります。利益を生み出すという各企業個別の目標の下ではコラボレーションするのは難しいかもしれません。しかし「GXの実現」という共通の目標の下では、長期的視

* **GX-ETS**　Green Transformation Emission Trading Schemeの略。

点を持つ各ステークホルダーの積極的な協業が期待できます。そのきっかけ作りの場が「GXリーグ」です。

GXリーグの活動イメージ

実践 自主的な排出権取引	・参画企業が自ら目標を掲げ、GX投資と温室効果ガス削減や社会に対する開示を実践する場
	・自らの情報を発信すると共に、他ステークホルダーの動向を学び自らの立ち位置を知るという、改善のためのフィードバックサイクルを回す
共創 市場創造のためのルール形成	・将来のビジネス機会を踏まえ、新市場創造に向けて官民でルール形成を行う場
	・テーマ別に設定するルールワーキンググループでは、ルールの設計から実証、さらには世界に向けた発信などを行っていくことを目指す
対話 ビジネス機会の創発	・2050年カーボンニュートラルが実現した未来の経済社会システムを「ビジネス機会」として描く場
	・官民のルールメイキングや賛同企業の中長期の経営戦略・事業開発。研究データ開発などへの活用を目指し、業種を超えた対話を行う
交流 GXスタジオ	・2050年カーボンニュートラルを実現するための連携や創発、共創を推進するための、自由な「交流」の場
	・気候変動対応に関する企業の関心事項や実務上の課題について、ディスカッションや情報交換を行う

出典：経産省資料より筆者作成、https://gx-league.go.jp/aboutgxleague/document/GX%E3%83%AA%E3%83%BC%E3%82%B0%E6%B4%BB%E5%8B%95%E6%A6%82%E8%A6%81%EF%BD%9EWhat%20is%20the%20GX%20League%EF%BD%9E.pdf

ダボス会議でも話題に

毎年、世界中の有権者がスイスのダボスに集まり、議論を交わしています。ダボス会議では、GX関連のトピックが近年の主要な議題となっています。

1 ダボス会議とは

毎年1月、スイスのダボスに政治、経済、経営などのリーダーが集まり、世界が向かうべき方向性について議論を交わしています。これは世界経済フォーラム（WEF）の年次総会で、開催場所の名前から通称**ダボス会議**と呼ばれています。

1971年に第1回ダボス会議が開催された当初は、ヨーロッパの経営者たちの社交場としての意味合いが強かったダボス会議ですが、オイルショックや米国ドルを基軸とした固定相場制の崩壊により、経済や社会課題へと議論テーマが拡大しました。

2 環境と経済発展も主要トピックの1つ

グローバルな課題の代表として気候変動に代表される環境問題があり、ダボス会議でも主要トピックとして議論されています。環境問題を解決しつつ経済発展も促すためGXに関する財政支援を行うべきかなど、具体的な議論がなされます。

2023年のダボス会議では、フォン・デア・ライエン欧州委員長によりEU版GX推進施策である**グリーン・ディール産業計画構想**が発表されたことも話題となりました。日本のGX実行推進担当大臣である西村康稔氏も2023年のダボス会議に参加し、各国リーダーと環境や経済に関する議論を交わしています。

14 歴代の日本国首相のダボス会議出席

年	首相	演説の主なテーマ
2001	森喜朗	・「日本が再び世界経済の最先端に立って貢献」 ・バブル崩壊後からの経済回復
2008	福田康夫	・「地球環境問題は人類の歴史上、もっとも困難で長い闘い」 ・温暖化ガス削減の「国別総量目標」提案
2009	麻生太郎	・「各国が外需依存から脱却すべきだ」 ・リーマン・ショックからの世界経済回復
2011	菅直人	・「経済連携の推進と農業の再生は両立可能」 ・TPP交渉参加への結論の時期名言
2014	安倍晋三	・「自分自身が既得権益の岩盤を破るドリルの刃に」 ・日本経済のデフレ脱却
2019	安倍晋三	・「匿名データは自由に国境をまたげるようにすべきだ」 ・自由なデータ流通に向けた国際協議

出典：日経新聞、https://www.nikkei.com/article/DGXZQOUA1903N0Z11C22A2000000/

各国のリーダーが
環境と経済について
議論を交わします。

日本としてのメリット

現在、日本政府が国を挙げてGXに取り組んでいるのには理由があります。この節で詳しく説明していきましょう。

1 GXによる国家・経済の安定化

日本はエネルギー資源に恵まれておらず、エネルギーの大部分は海外からの輸入です。エネルギー自給率は約11%に留まり、日本経済は大きく海外に依存しています。したがって、エネルギー資源の輸入先の情勢が不安定になると、日本の経済は途端に不安定になってしまいます。

1970年代、中東戦争によって生じたオイルショックの影響で高度経済成長期は終焉を迎えました。近年ではロシアのウクライナ侵攻により、石油や天然ガスの供給が不安定となり、経済停滞の一因となっています。

したがって、再生可能エネルギーの導入・利用拡大や、エネルギー利用の効率化による省エネなど、GXを通じたエネルギーの安定的な確保が、経済安定化のための急務となっています。

2 GXを通じた国際競争力アップ

日本経済はバブル崩壊以降長らく停滞しています。その起爆剤となり得るのがGXです。GXを通じてエネルギーを安定的に確保すると共に、イノベーションによる**国際競争力**の向上が期待されます。

AI導入や機械化によるムダの排除とそれに伴う**賃金上昇**と共に、AIを活用する新たな雇用を生み出すことで、海外から高度な人材を確保することができます。優秀な人材の力を借りて新たなイノベーションを起こし、利益の拡大・海外資本の誘致につなげることで、大きな経済成長を遂げることができるでしょう。

日本国がGXを行うメリット

日本のメリット	GXの例
守り 国家・経済の安定化	**●エネルギーの安定供給** ・再生可能エネルギーの導入拡大 ・再生可能エネルギーの技術革新 ・核融合発電など新たな発電技術の開発 **●エネルギー利用の効率化** ・省エネの徹底 ・機械化やAI導入による業務・工場のエネルギー利用効率化 ・ムダな大量生産・ムダな移動の削減
攻め 国際競争力UP	**●イノベーションの創出** ・機械化やAI導入に伴うムダの排除 ・利益率拡大と賃金の上昇 ・世界各地からの優秀な人材確保 ・イノベーション創出国としてのアピール **●サステナブルな経済成長** ・環境や社会課題にアプローチするビジネスモデルや技術革新 ・世界各地からのESG投資の誘致 ・増大した利益や資本を利用したさらなるイノベーションと経済成長

Column

2050年にはコーヒーが飲めなくなる?

日本は伝統的にお茶の文化が強い国でしたが、近年はコーヒーを日常的に嗜む人が増えています。コーヒー豆の原産地や品種、焙煎方法などの違いによる味や香りを楽しむ人もいれば、目覚ましや集中力向上のためにコーヒーを活用する人もいると思います。私たちの生活に深く浸透しつつあるコーヒーですが、2050年には飲めなくなってしまうかもしれません。

コーヒーの生産量第1位はブラジルで、世界の生産量の約30%を占めています。2位はベトナム、3位はインドネシアで、これら上位3か国で世界の半分以上のコーヒーを生産しています。さらに、4位はコロンビア、5位はコーヒーの原産地であるエチオピア、6位はホンジュラスで、上位6か国で世界の生産量の7割以上を占めています。これらの国に共通する特徴は何でしょうか?

コーヒーは、コーヒーノキの種子を焙煎・粉砕して作られます。そのコーヒーノキの栽培に適する地域は、北緯25度~南緯25度の「コーヒーベルト」と呼ばれる地域に限られます。コーヒー生産量上位の国は、すべてコーヒーベルトに位置する国なのです。

ただし、このコーヒーベルトの面積は、気候変動の影響により徐々に縮んできています。地球温暖化が進むことで、2050年にはコーヒーノキ、特に最もポピュラーな品種であるアラビカ種の生育に適した土地が半減してしまうと考えられています。

さらに、人口増加や食の欧米化によるコーヒー文化の拡大も相まって、2050年にはコーヒーは手軽に嗜むことができる飲み物ではなくなってしまう可能性があります。未来の世代にもコーヒー文化を継承するためには、我々世代のGX邁進がキーとなるでしょう。

GX関連のキーワード

近年、環境関連のキーワードが続々と登場しています。カタカナやアルファベットの用語も多く、とっつきにくい面もありますが、1つひとつ理解し、徐々に覚えていきましょう。

インプットだけでは記憶に定着しづらいため、本書を通じて学んだ用語を積極的に活用してみると良いと思います。まずは家族や友人との会話で使ってみる、話題に出してみるなど身近なところから使い始めてみましょう！

サーキュラーエコノミー（循環経済）

持続可能な社会の実現のため、限りある資源を循環させることが求められています。

1 私たちの経済は変遷し続けている

18世紀、イギリスで起こった**産業革命**により、私たちの生活は大きく変革しました。化石燃料を利用して機械を動かし、モノを大量生産できるようになりました。結果として、大量生産・大量消費のライフスタイルが1990年代頃まで定着しました。それが、作っては捨てる直線的な経済である**リニアエコノミー**です。

しかし、経済成長や便利さを追求した結果、**4大公害病**など多くの実害が発生しました。そこで、大量生産・大量消費を辞め、リサイクルを推し進める経済に移り変わってきました。それが**リサイクルエコノミー**です。

さらに、地球温暖化による気候変動の影響が出始めた近年、さらなる循環型社会である**サーキュラーエコノミー**への変遷が必要であるとされています。

2 これからはサーキュラーエコノミーの時代

従来までの経済構造とは異なり、サーキュラーエコノミーでは廃棄物を発生させないことが前提となっています。廃棄物を資源として活用することで、新たな資源投入を抑えると共に、生産量や消費量も必要なだけに抑えることで、環境負荷を小さく抑えた循環を生み出します。

サステナブルな世界の実現のためには、サーキュラーエコノミーの実現が不可欠であるとされています。その実現をサポートするのがGXです。

FIGURE 16 サーキュラーエコノミーへの変遷イメージ

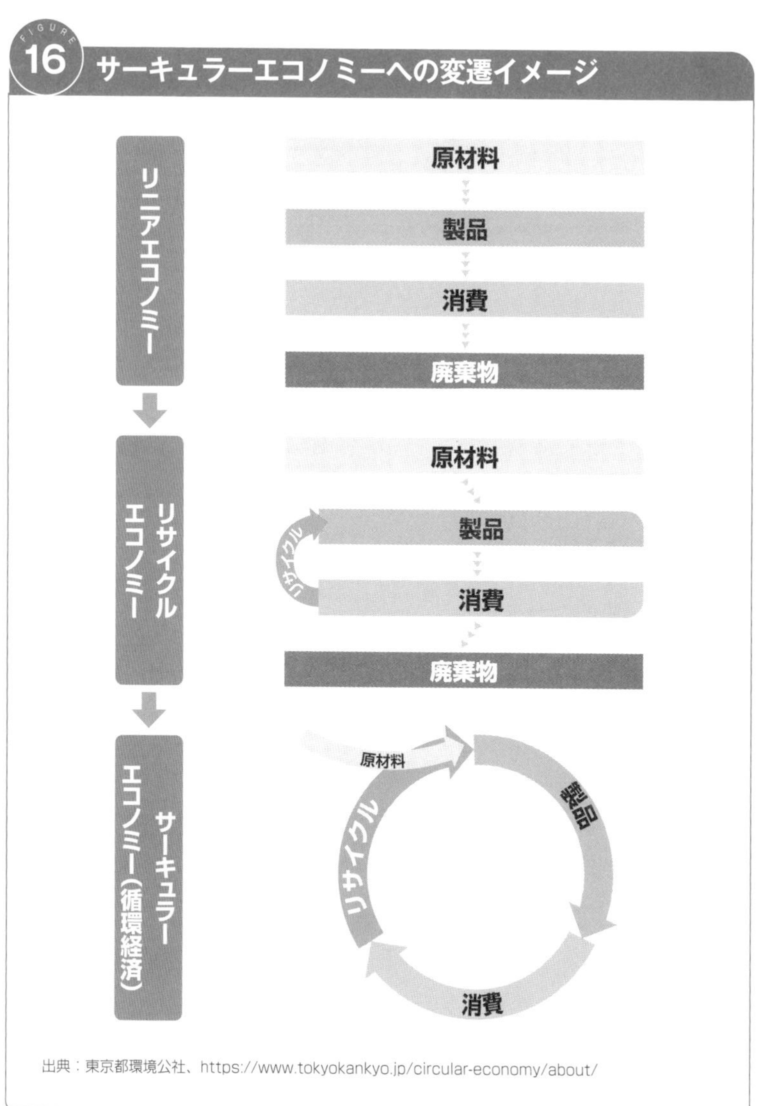

出典：東京都環境公社、https://www.tokyokankyo.jp/circular-economy/about/

SDGs（持続可能な開発目標）

2015年9月、国連サミットにて「持続可能な開発目標（SDGs）」が採択されました。近年ではメディアでも盛んに取り上げられています。

1 SDGsとは？

2030年までに持続可能な世界を目指すため、世界が取り組むべき17の目標と169のターゲットからなる国際目標です。「誰一人取り残さない（No one left behind）」社会の実現を目指すとしています。

SDGs*は、2000年に採択された2015年までの国際目標である「ミレニアム開発目標（MDGs）」の後継目標です。先進国による途上国援助を主題としたMDGsとは異なり、先進国と途上国が一体となり、経済・社会・環境課題に取り組む目標とされています。

2 GXとSDGs

SDGsを実現するための手段がGXです。SDGsの目標と達成手段としてのGXの関係として表17のような事例があります。

各企業や自治体がGXに取り組むことで、自然とSDGsの目標達成に繋がります。この表の4つの目標以外にも、GXを通じて実現できるSDGs目標もあります。ぜひ、自身のGXの取り組みが、具体的にどの目標に繋がるか考えてみてください。

＊ SDGs　Sustainable Development Goals の略。

GX関連のSDGs指標

#	SDGsの目標	関連するGX事例
7	エネルギーをみんなに そしてクリーンに	・再エネ技術の開発・導入拡大 ・CCSなど脱炭素技術の研究開発
9	産業と技術革新の 基盤をつくろう	・最新技術の研究開発・導入拡大 ・経済・産業の構造改革
12	つくる責任 つかう責任	・製品のトレーサビリティ ・リサイクルの促進・技術革新
13	気候変動に具体的な 対策を	・再エネ・脱炭素技術の革新 ・AIや機械化による省人化・省エネ

SDGsの17目標

1	貧困をなくそう	あらゆる場所で、あらゆる形態の貧困に終止符を打つ。
2	飢餓をゼロに	飢餓に終止符を打ち、食料の安全確保と栄養状態の改善を達成するとともに、持続可能な農業を推進する。
3	すべての人に 健康と福祉を	あらゆる年齢のすべての人の健康的な生活を確保し、福祉を推進する。
4	質の高い教育を みんなに	すべての人に包摂的かつ公平で質の高い教育を提供し、生涯学習の機会を促進する。
5	ジェンダー平等を 実現しよう	ジェンダーの平等を達成し、すべての女性と女児のエンパワーメントを図る。
6	安全な水と トイレを世界中に	すべての人に水と衛生へのアクセスと持続可能な管理を確保する。
7	エネルギーを みんなにそして クリーンに	すべての人々に手ごろで信頼でき、持続可能かつ近代的なエネルギーへのアクセスを確保する。

8	働きがいも 経済成長も	すべての人のための持続的、包摂的かつ持続可能な経済成長、包摂的な完全雇用およびディーセント・ワーク（働きがいのある人間らしい仕事）を推進する。
9	産業と技術革新の 基盤をつくろう	強靱なインフラを整備し、包摂的で持続可能な産業化を推進するとともに、技術革新の拡大を図る。
10	人や国の不平等を なくそう	国内および国家間の格差を是正する。
11	住み続けられる まちづくりを	都市と人間の居住地を包摂的、安全、強靱かつ持続可能にする。
12	つくる責任 つかう責任	持続可能な消費と生産のパターンを確保する。
13	気候変動に 具体的な対策を	気候変動とその影響に立ち向かうため、緊急対策を取る。
14	海の豊かさを 守ろう	海洋と海洋資源を持続可能な開発に向けて保全し、持続可能な形で利用する。
15	陸の豊かさも 守ろう	陸上生態系の保護、回復および持続可能な利用の推進、森林の持続可能な管理、砂漠化への対処、土地劣化の阻止および逆転、ならびに生物多様性損失の阻止を図る。
16	平和と公正を すべての人に	持続可能な開発に向けて平和で包摂的な社会を推進し、すべての人に司法へのアクセスを提供するとともに、あらゆるレベルにおいて効果的で責任ある包摂的な制度を構築する。
17	パートナーシップで 目標を達成しよう	持続可能な開発に向けて実施手段を強化し、グローバル・パートナーシップを活性化する。

SDGsを実現する
手段がGXです。

ESG（環境・社会・ガバナンス）

近年、財務諸表に現れない観点も含めて投資判断をするべきであるというのがトレンドとなっています。

1 ESG投資とは？

ESGとは「環境：Environment」「社会：Social」「ガバナンス：Governance」の頭文字を取ったものです。この3つの観点での企業分析を通じて投資判断を行うことを**ESG投資**と言います。

従来の投資判断は、主に財務諸表を通じて得られる数字、つまり企業の売上や利益を基に実施してきました。しかし、環境問題や社会問題を度外視した利益至上主義は持続可能ではなく、利益至上主義の会社に投資する投資家もまた、環境問題や社会問題に寄与していることとなります。

そこで国連は2006年に**責任投資原則**（PRI*）を定め、投資家に対し社会的責任を求めました。これが、ESG投資のはじまりです。

2 新たな投資判断基準として注目

長期的観点で考えると企業の安定的な成長は「ESG」の観点が大きく関わると言われています。つまり、利益至上主義でも短期的に大きく成長するかもしれないが、長期的な観点ではESGの観点を取り入れないと頭打ちになる可能性があるということです。

そこで、投資家はESGの観点で大きく貢献している企業を評価し、投資するようになりました。つまり、ESGの観点での取り組みを推進している企業に投資をすると株価が上昇し、利益も得られる

* PRI　Principles for Responsible Investment の略。

仕組みとなっています。

　結果として、利益を求める投資家もESG投資を開始し、ESG関連銘柄に資金が流入しました。同時に、投資資金の欲しい企業も、ESGへの取り組みを加速させるという好循環が生まれています。

FIGURE 19 ESGの具体例

Environment
- CO_2 排出量削減
- 再生可能エネルギー導入
- 生物多様性の保護
- 森林保護

Social
- 人種問題への対応
- ダイバーシティ促進
- 適正な労働環境
- 児童労働の防止

Governance
- コンプライアンス遵守
- 透明性のある事業
- 贈収賄や汚職防止
- 企業倫理の遵守

FIGURE 20 代表的なESG指標

指標	概要
MSCIジャパンESGセレクト・リーダーズ指数	アメリカのMSCIが選定するESG指標。各業種ごとにESG評価の高い企業が選定される。
FTSE Blossom Japan Index	イギリスのFTSE社が選定するESG指標。ESGの絶対評価が高い銘柄がスクリーニングされ、選定される。
Dow Jones Sustainability World Index (DJSI)	アメリカのダウ・ジョーンズ社が選定する、世界的に有名なESG指標。世界中のサステナブルな企業が選定される。

CHAPTER 3 4

DX（デジタル・トランスフォーメーション）

DXの登場は2004年、スウェーデンのウタオ大学教授であったエリック・ストルターマンの論文にまで遡ります。

1 DX（デジタル・トランスフォーメーション）とは？

経済産業省の定義では、DXとは「企業がビジネス環境の激しい変化に対応し、データとデジタル技術を活用して、顧客や社会のニーズを基に、製品やサービス、ビジネスモデルを変革するとともに、業務そのものや、組織、プロセス、企業文化・風土を変革し、競争上の優位性を確立すること」とされています。

従来、紙ベースで行っていたタスクをデジタル化することで、仕事を効率化・自動化すると共に、新たなビジネスモデルを生み出すことができます。また、情報をデータとして蓄積することで、新たな示唆を生み出す資産に転換し、新たなビジネスに繋げることも可能になります。こうしたデジタル化によるビジネスモデルの変革がDXです。

2 DXはGXにも貢献？

GXとDX、言葉は似ていますが、あまり関係がないように思えるかもしれません。しかし、DXはGXに大きく貢献します。経済産業省も、DXとGXを一体で取り組むことが重要であるとしています。

DXによるビジネスの効率化が、省エネ・省人化に繋がり、結果としてGXに繋がるためです。例えば、AIやIoT、システム導入によりムダな作業が減れば、それだけエネルギー消費量も減ります。また、DXにより出社の必要が減ると、通勤にかかるエネルギーを減らすと共に、都市への人口集中は解消し、各地でのエネルギーの地産地消を促進することにも繋がるでしょう。

FIGURE 21 DXへの変遷イメージ

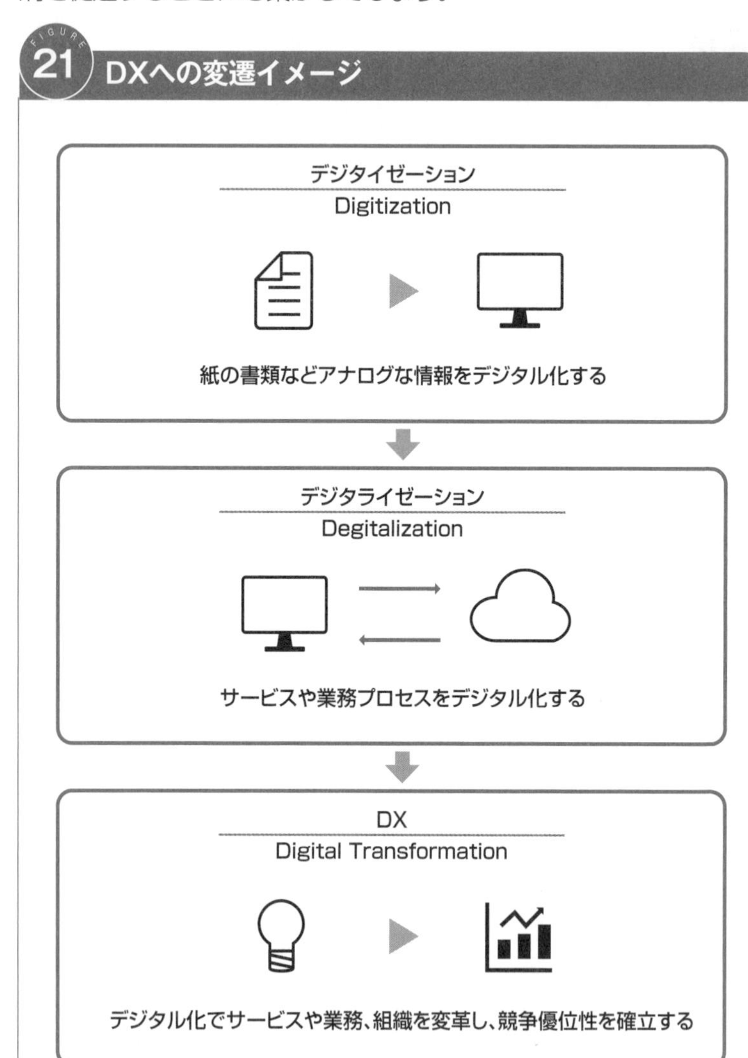

出典：kaonavi、https://www.kaonavi.jp/dictionary/dx/

SX（サステナビリティ・トランスフォーメーション）

持続可能な世界の実現のため、SXは欠かせません。この節では、SXという新しい概念について解説していきます。

1 SX（サステナビリティ・トランスフォーメーション）とは

経済産業省の定義では、SXとは「社会のサステナビリティと企業のサステナビリティを同期化させ、そのために必要な経営・事業変革を行い、長期的かつ持続的な企業価値向上を図っていくための取組」を指します。

従来、企業にとっては短期的な利益のみが重要視されてきました。しかし、世界的なサステナビリティの流れを受け、企業は長期的な目線でESGに取り組むよう迫られています。そうしなければ、消費者や投資家に選んでもらえない時代となったのです。そうした流れを受け、長期的な目線で、ESGに配慮しつつ利益も出すビジネスモデルに転換していくこと、それがSXです。

2 SXとGXの違いは？

DXと同様、SXとGXも名前は似ていますが、その関係性はわかりにくいですね。GXはカーボンニュートラルを中心とした「環境」にフォーカスを置いた変革、SXは環境だけでなく、人権や貧困など持続可能な社会実現に向けて解決すべき社会課題全般を含む変革です。端的に言うとESGの「E」に特化した変革がGX、ESGすべてに取り組むのがSXということになります。

経済産業省は2024年から、SXに取り組む先進的企業を選定する「SX銘柄」を創設するとしており、その注目度の高さが伺えます！

SXの位置づけ

出典：経済産業省、https://www.meti.go.jp/press/2022/08/20220831004/20220831004-a.pdf

地域循環共生圏

この節では、地域循環共生圏という新しい概念について解説します。地域循環共生圏は、地域が主役のローカルSDGsです。事例と共に紹介していきます。

1 地域循環共生圏とは？

環境省の定義では、**地域循環共生圏**とは「各地域が美しい自然景観等の地域資源を最大限活用しながら自立・分散型の社会を形成しつつ、地域の特性に応じて資源を補完し支え合うことにより、地域の活力が最大限に発揮されることを目指す考え方」としています。地域を主役とし、SDGsの目標達成を目指して経済を回す構想です。

2 持続可能なまち那須塩原

栃木県の那須塩原市は、再エネの最大限利活用、資源と経済の地域内循環、地域資源を活用した新たな付加価値の創造の３つの取り組みを通じた**持続可能なまち那須塩原**の実現を目指しています。

太陽光や地熱、水力といった再エネの利用促進や、地域の牧場や森林などからの未利用バイオマスの利用により、地域内の資源で地域内の電力を賄い経済を回す取り組みを進めています。

また、廃校となった小学校を再生利用した**那須街づくり広場**では高齢者向けデイサービスや居住施設、地域の人が集うオーガニックカフェやマルシェ、アートギャラリー、そして子ども向けの遊び場を設け地域の多世代交流を促しています。さらに、ゲストハウスに地域外の人を誘致し、「持続可能なまち那須塩原」を知ってもらう取り組みを進めています。

こうした取り組みが評価され、2020年地域づくり表彰の国土交通大臣賞、2022年ふるさとづくり大賞の総務大臣表彰を受賞しています。

地域循環共生圏のイメージ

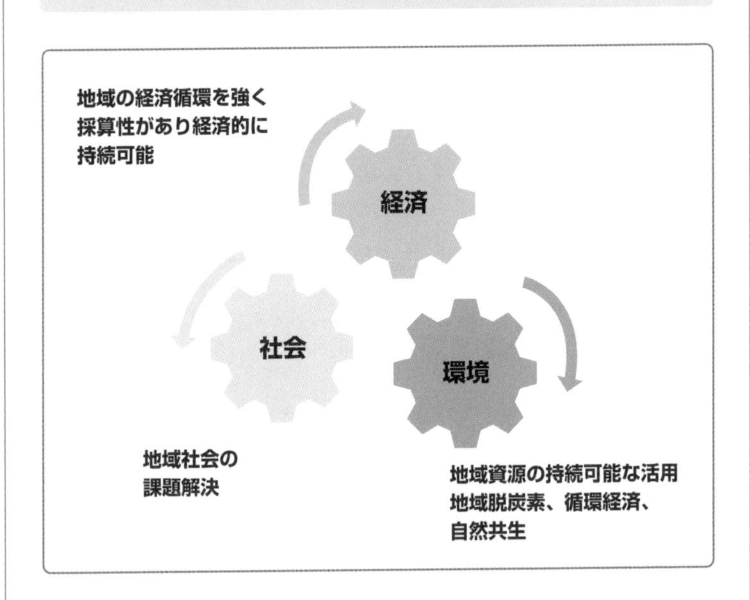

地域の主体性 **（オーナーシップ）**	地域の人が、**ワクワク感**と**やりがい**を大切にしながら、主体的に事業を立ち上げ、運営している	**協働** **（パートナーシップ）**	**地域内**の多様な分野の人による協働、**地域外**の人とのつながり・支えあいによって、事業を立ち上げ、運営している

出典：環境省、http://chiikijunkan.env.go.jp/shiru/ を元に作成

CHAPTER 3

7 カーボンプライシング

CO_2に値段をつけることをカーボンプライシングと呼びます。代表的な政策に、炭素税や排出権取引などがあります。

1 CO_2にも税金を！　炭素税とは

炭素税とは、CO_2の排出量に応じて企業や個人に税金を課す環境税の一種です。CO_2が多くなればなるほど、税金の額も大きくなるため、税金を抑えるためにCO_2の発生を抑えようという圧力がかかるようになります。

いくらCO_2を排出してもお咎めなしの状態では、他の誰かが排出量を削減することを期待して自ら行動を起こさないかもしれません。しかし、CO_2を大量に排出すると多額の税金が課されるとなれば、皆がCO_2を削減しようとアクションを起こすことが期待できます。

GXを通じて炭素税に取り組むことで、炭素税として課される税金が減るだけでなく、徴収された税金は国民に平等に還元されるため、脱炭素に取り組む企業や個人が得する仕組みです。

2 CO_2削減量は買える！　排出権取引とは？

CO_2削減に精力的に取り組んだ結果、利益を出せずに企業として持続可能でなくなってしまうのは元も子もありません。そこで、各企業ごとにCO_2の排出量の枠を決め、枠を超えてしまった企業は、枠を下回った企業から枠を購入できる制度が**排出権取引**です。

排出枠を超えてしまった企業は、枠を購入することで差し引きしてCO_2を削減したとみなすことができます。逆に、枠が余った場合には枠を売ることができるので、各企業は積極的にCO_2削減に取り組むようになる仕組みです。

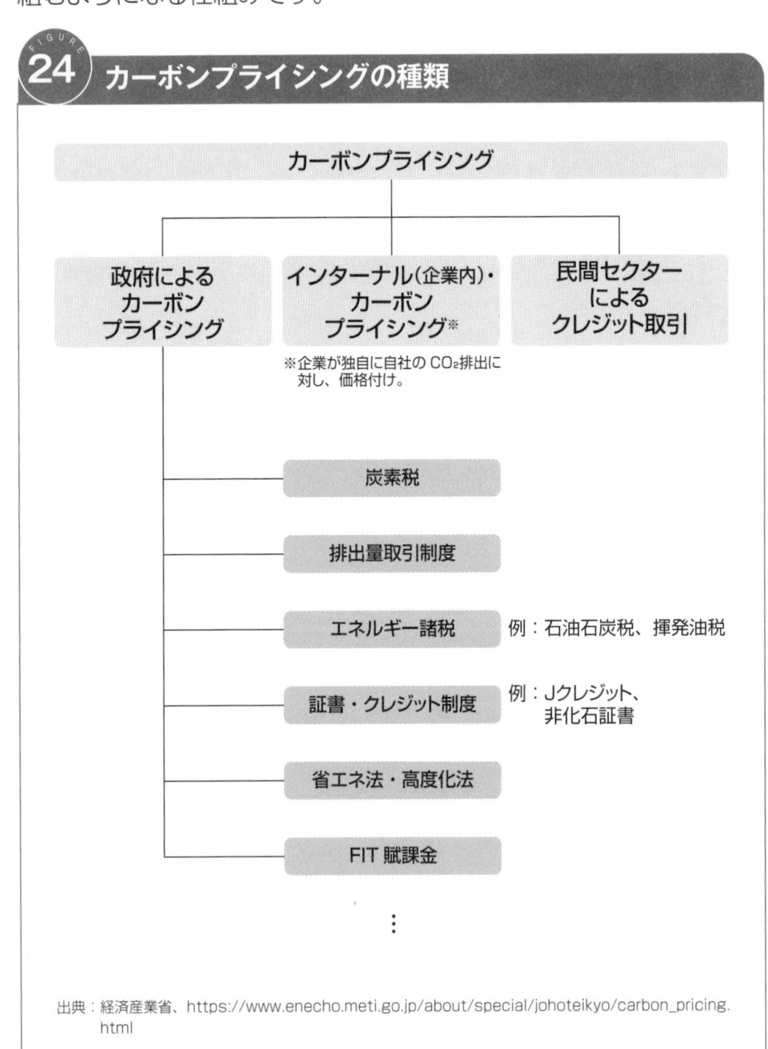

炭素税導入国の例

国名	ETS	炭素税	税率（円/tCO2）	税収規模（億円/年）	備考
フィンランド	○	○	約7,900（58€）（暖房用） 約8,400（62€）（輸送用）	約2,300 [2020年]	•EU-ETS対象企業は免税。バイオ燃料に対しては、バイオ燃料含有割合に応じて減税。原料用、発電用に使用される燃料等は免税。
スウェーデン	○	○	約15,600 （1,200SEK）	約2,500 [2020年]	•EU-ETS対象企業は免税。原料用は免税。
フランス	○	○	約6,100 （44.6€）	約38,000* [2020年] *エネルギー税（TICPE）全体	•EU-ETS対象企業は免税。
英国	○	○	約2,900 （18£）	約2,200 [2020年]	•小規模CHP、小規模発電（2MW以下）、石炭スラリー・緊急供給電力用、北アイルランドに立地する発電用燃料は免税。
ドイツ	○	—	—	—	•EU-ETSとは別途、化石燃料供給事業者を対象とした国内排出量取引制度（nEHS）を2021年（石炭は2023年）に導入。当該制度の排出量カバー率は約40%。 •全量有償・取引価格固定（2026年度からオークション）。価格は、当初低水準で導入し、徐々に引き上げ、その方針を予め明示。 •EU-ETS対象事業者や国外への供給分は対象外。クレジット購入によるオフセットは不可。
米国	△ ※北東部・CA州	—	—	—	

出所：平成29年7月環境省「諸外国における炭素税等の導入状況」・各国政府公表資料を基に、取得可能な直近の値を踏まえて更新。

※税収は取得可能な直近の値。換算レートは1$＝135円、1€＝136円等（基準外国為替相場・裁定外国為替相場（本年10月分適用））

出典：「GXを実現するための政策イニシアティブ」（2022年10月26日）GX実行推進担当大臣

FIGURE 26 排出量取引制度導入国の例

	導入期間	対象事業者	割当・枠管理の方法	炭素価格／トン
EU	・2000年に制度設計。2003年の法制化を経て、2005年から開始。	・大規模排出者に参加義務づけ（約2,300社、EU域内のCO_2排出量の4割強をカバー、と推計）	・発電部門は、再エネ・原子力等の代替手段が存在し、かつ非貿易財であることから、全量有償オークションにより割当。（制度開始から8年後〜） ・その他の部門は、ベンチマークに基づく無償割当。 ※なお、鉄鋼分野では年間排出量の7年分の無償枠を保有。	・以前は過剰な無償割当等により、取引価格が10€以下に低迷。 ・近年では、60〜90€程度で推移。
韓国	・2015年から開始。 ・制度開始を予定より2年後ろ倒し、段階的に導入。	・直近3年間平均CO_2排出量が12.5万トン以上の事業者等の約600社が対象。（韓国の年間排出量の約7割をカバー） ・当初100%無償割当。その後、一部産業において、有償割当を段階的に導入。（3%→現在10%）	・当初100%無償割当。その後、一部産業において、有償割当を段階的に導入。（3%→現在10%） ・排出枠の10%を上限に国内のオフセットクレジットの使用が可能。割当対象企業が中小企業などを支援して削減する場合に削減量として認めるなど、柔軟性措置を導入。	・2021年4月に約11$、同6月に約8$で推移。
中国	・2013年から省政府でパイロット事業を実施。 ・2021年から電力事業者を対象に全国規模で開始。	・年間CO_2排出量が2.6万トン以上の石炭・ガス火力を有する約2,000社が対象。（中国の年間排出量の約4割をカバー） ・2025年までに、石油化学、化学、建材、鉄鋼、非鉄金属、製紙、航空も対象に加えられる予定。	・ベンチマークに基づき無償割当（オークションなし）	・2021年末に約8.5$（同年7月の制度開始から約13%増加）。

出所：「排出量取引の制度設計の論点について（EU ETSの変遷と現状を踏まえて）」（日本エネルギー経済研究所）、各国政府公表資料を基に作成。
出典：「GXを実現するための政策イニシアティブ」（2022年10月26日）GX実行推進担当大臣

ジャスト・トランジション（公正な移行）

社会変革に際して、誰一人取り残さないような移行が求められます。この節では、ジャスト・トランジションという概念、GXとジャスト・トランジションとの関連について説明します。

1 ジャスト・トランジションとは？

ジャスト・トランジションは、日本語で「公正な移行」と訳されます。カーボンニュートラル実現にあたり、化石燃料を大量に利用した大量生産・大量消費の社会から、持続可能な社会への移行が求められています。一方、例えば化石燃料を利用するエネルギー産業やガソリン車製造メーカーで働く労働者の仕事はなくなってしまうかもしれません。あるいは、AIの導入により多くのホワイトカラーの仕事も削減されてしまいます。

移行の際に、脱炭素という側面だけでなく、不利益を被る人も含めすべての人にしっかり光を当て、新たな社会課題を生むことなく移行していくことをジャスト・トランジションと言います。パリ協定でも、ジャスト・トランジションが不可欠であるとされています。

2 GXでジャスト・トランジションを

ジャスト・トランジションを達成するため、GXは不可欠です。すべての人へ配慮し続けた結果、カーボンニュートラルを達成できなければ意味がありません。GXを通じた構造変革を通じ、誰一人取り残すことなくカーボンニュートラルな社会へ移行していく必要があります。本書を通じてGXについて学び、ジャスト・トランジション実現のため、できることから取り組みを進めていきましょう！

ジャスト・トランジションのイメージ

大量生産・大量消費社会	**●マインドセット** ・消費主義（コンシューマニズム） ・植民地主義 **●働き方** ・非効率なオーバーワーク ・（特に途上国の）労働者の搾取 **●資源** ・大量掘削、大量消費の上で廃棄 **●企業の存在意義** ・利益至上主義

GXを通じたジャスト・トランジション

持続可能な社会	**●マインドセット** ・誰1人取り残さない ・持続可能性の重視 **●働き方** ・協働を基調とした労働 ・AIを活用した効率的な働き方 **●資源** ・資源循環を促すサーキュラーエコノミー推進 **●企業の存在意義** ・利益を出しつつESGの観点で事業を通じて世の中に価値をもたらす

Column

げっぷにも税金がかかる？ 世界初のげっぷ税

私たちの経済において、税金は重要で欠かせないシステムです。社会の維持・運営のために利用されます。具体的には、年金や医療などの社会福祉の観点、あるいは道路や水道などの公共インフラの構築・維持のため、そして教育や国防などにも活用され、私たちの生活に還元されています。

消費税や所得税、相続税などが代表的な税金ですが、今後はなんと「げっぷ」に税金がかかるかもしれません。では、なぜげっぷに税金をかける必要があるのでしょうか？　その答えは、げっぷの成分と地球温暖化に関係があります。

現在、世界初のげっぷ税の導入を検討しているニュージーランドは、人の数より羊が多いと言われるほど牧畜が盛んです。牛や羊、ヤギなどの反すう動物は、胃の中で牧草を消化する際に大量のメタンガスを発生させ、げっぷやおならとして排出します。

温室効果ガスとしては二酸化炭素（CO_2）が有名ですが、実はメタンガスの温室効果は、CO_2の約28倍あるとされており、少量でも大きな温室効果を持ちます。したがって、牛や羊のげっぷを抑えるだけでも、温暖化に対して大きな効果があるのです。

2030年までに温室効果ガスを50%削減、2050年にカーボンニュートラルを目指しているニュージーランドは、げっぷに税金をかけることで、げっぷを減らす方向に圧力をかけています。例えば、げっぷの出にくいような品種改良や、エサの調整、げっぷを回収できる技術の開発などを促しています。世界初のげっぷ税は、2025年に導入が開始される計画です。げっぷ税を巡るニュージーランドの動きからは目を離せませんね。

MEMO

今後のGXを支える テクノロジートレンド

ブロックチェーンやAIなど、近年さまざまなテクノロジーが発展し、そのテクノロジーを活用したサービスが世界を大きく変えてきました。

ここでは、GXを推進する上で役に立つテクノロジートレンドとその事例をいくつかご紹介します。

様々な分野で活用が期待されるブロックチェーン

様々な分野で活用が期待されるブロックチェーンについてご紹介します。

1 ブロックチェーンとは？

ブロックチェーンは「インターネット以来の技術革新」と言われることもある画期的な技術です。ブロックチェーンは、実施された取引を記録した「ブロック」が連なって「チェーン」のようになっているため、ブロックチェーンと呼ばれています。

ブロックチェーンには主に下記４つの特徴があります。

・改ざんが非常に困難である
・システムダウンが起きない
・自律分散システムである
・取引の記録を消すことができない

2 ブロックチェーンによって実現するもの

革新的な技術であるブロックチェーンによって、様々な概念や仕組みが多く誕生し、実用化されています。本書でもご紹介するブロックチェーンを活用した概念や仕組みには下記などがあります。

・**暗号資産**（仮想通貨）
・**DAO**（Decentralized Autonomous Organization、分散型自律組織）

・**NFT**（Non-Fungible Token、非代替性トークン）

・**ReFi**（Regenerative Finance、再生金融）

FIGURE 28 **ブロックチェーンの仕組み**

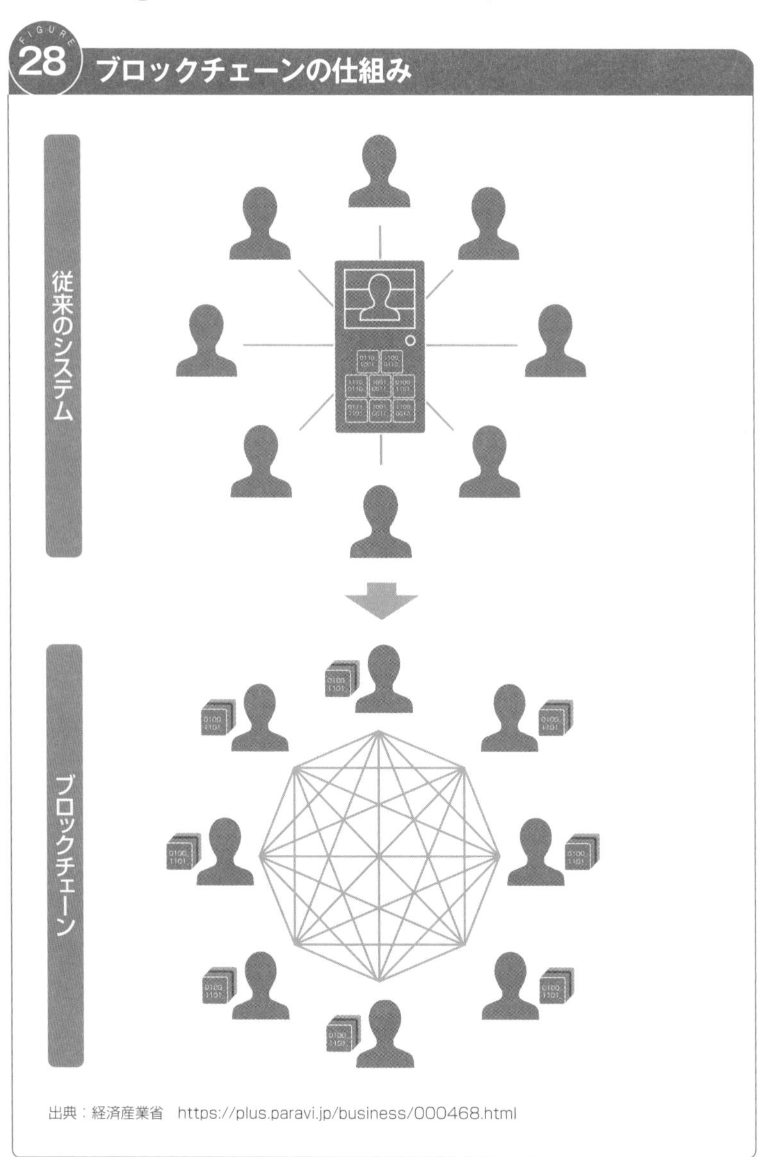

出典：経済産業省　https://plus.paravi.jp/business/000468.html

イーサリアムもGXを実施

主要なブロックチェーンの1つであるイーサリアムのGXについてご紹介します。

1 イーサリアムとは？

イーサリアムとは、ブロックチェーンに**スマートコントラクト**（人の手を介さずに契約内容を自動で実行する仕組み）という機能を組み込んだ、分散管理型のプラットフォームです。このプラットフォームで使われる暗号資産（仮想通貨）は**イーサ**（**ETH**）と呼ばれ、**ビットコイン**（**BTC**）に次ぐ暗号資産として、世界中で取引されています。

2 イーサリアムのGX

以前、イーサリアムはビットコインと同じ**PoW**＊という**コンセンサスアルゴリズム**（ブロックチェーン上で行われる暗号資産の取引の整合性を確認する際のルール）を採用していました。PoWでは、多大な計算量を必要とする問題を最初に解いたマイナーが、取引を承認する権利（報酬として暗号資産をもらえる権利）を獲得します。

PoWはマイニングに莫大な電気量を消費するため、環境に与える負荷が大きい点が問題視されてきました。そのためイーサリアムは、保有している通貨量に応じて取引の承認者を決定するコンセンサスアルゴリズムである**PoS**＊へ移行することを表明し、2022年9月に完了しました。

＊ **PoW**　Proof of Work の略。プルーフオブワーク。
＊ **PoS**　Proof of Stake の略。プルーフオブステーク。

これにより、イーサリアムは**セキュリティ**と**スケーラビリティ**の両方を向上させるとともに、エネルギー使用量を99%以上も削減したとされています。このPoSへの移行は、イーサリアムのGXと言えますね。

FIGURE 29 PoSの仕組み

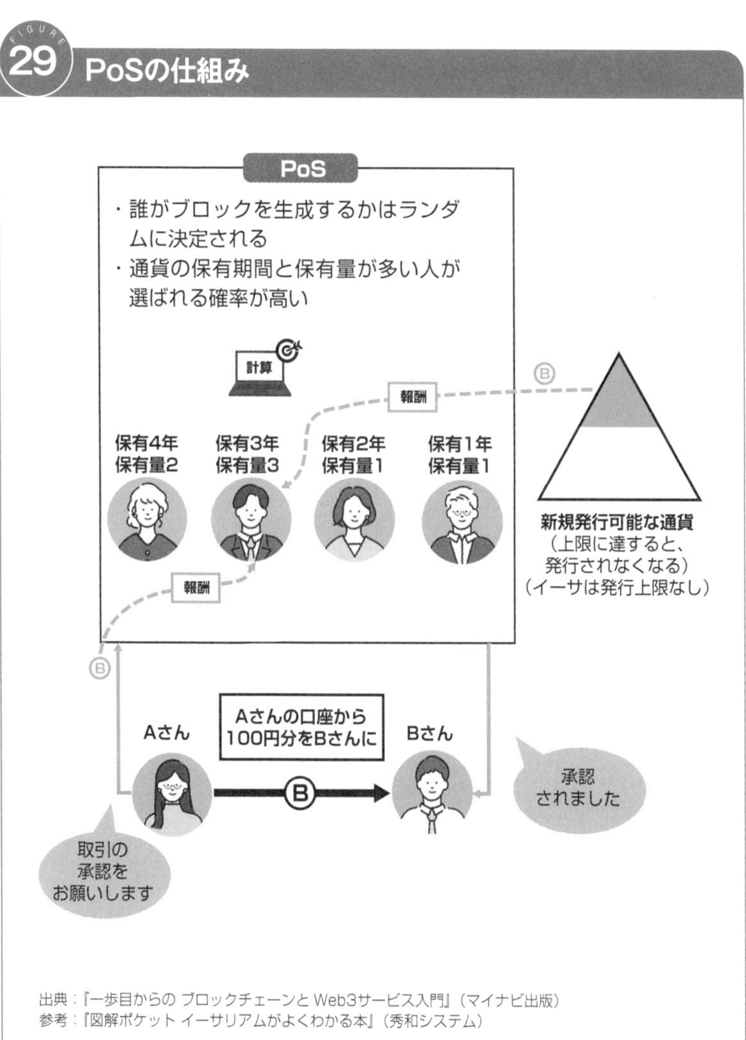

出典：『一歩目からの ブロックチェーンとWeb3サービス入門』(マイナビ出版)
参考：『図解ポケット イーサリアムがよくわかる本』(秀和システム)

地球を再生させようとするReFi

ブロックチェーンを活用してGXに貢献している、新しい概念ReFiについてご紹介します。

1 ReFiとは？

ReFi*とは、ブロックチェーンを利用して、取引をするごとに地球を再生させようとしている新しい金融システムのことです。

言い換えれば、環境を破壊するよりも保存や再生（環境保全）する方が合理的にメリットがある状態を、ブロックチェーンを活用して作り出そうとする概念のことです。

2 カーボンオフセットと相性の良いReFi

ReFiは**カーボンオフセット**と相性が良いです。そのため、現状では、カーボンオフセットのReFi事例が多く見られます。

NoriやDOVUなどのプロジェクトは、炭素除去の活動を行っている農家のCO_2削減量を計算して**カーボンクレジットNFT**（非代替性トークン。他とは取り替えることができない唯一無二のデジタルデータ）を発行しています。そしてそのNFTを、マーケットプレイスで販売します。

企業だけでなく個人でもそのマーケットプレイスでNFTを購入することで、気軽にカーボンオフセットに取り組める仕組みになっているのです。従来だと、カーボンオフセットを個人レベルで行うのは、額の少なさ、手続きの煩雑さなどの問題で非常に難しいことでした。

NFTを活用するその他の理由としては、NFTを用いればクレジッ

＊ **ReFi**　Regenerative Finance の略。再生金融。

トを創出するプロジェクトの二重登録や、クレジットの二重発行および二重使用の回避が容易になることも挙げられます。その結果、公平なカーボンオフセットを実現しやすくなります。

例えば、誤って支払いが二重で行われたと記録されると、支払った金額よりも多くCO_2削減に貢献したという扱いになってしまいますが、NFTを活用することでこれを防ぐことができます。

FIGURE 30 ReFiの仕組み

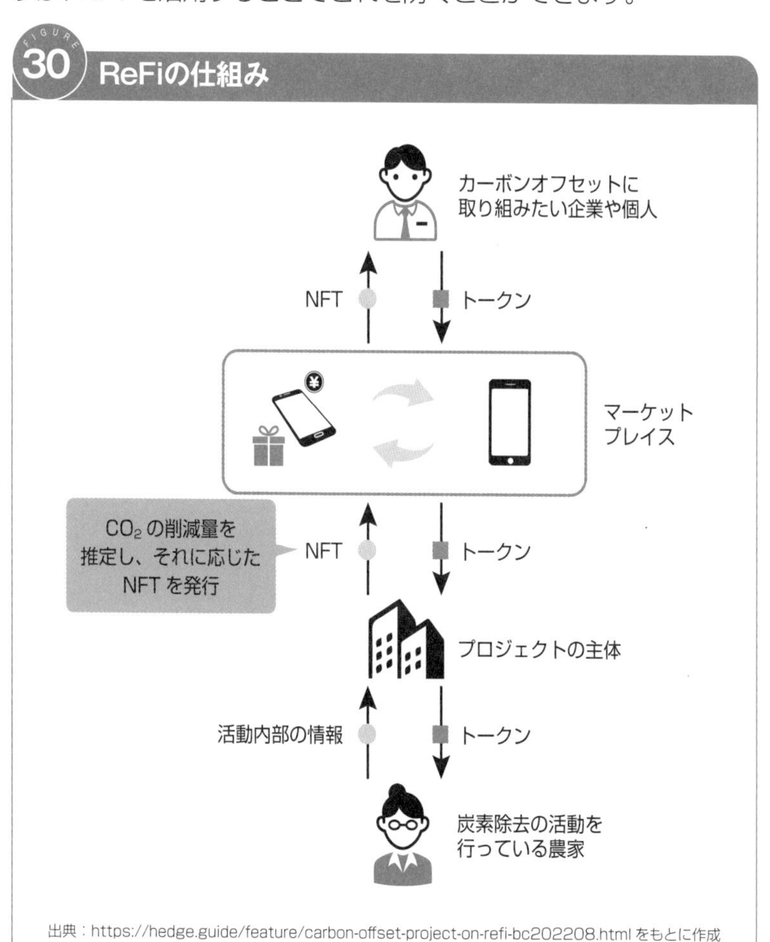

出典：https://hedge.guide/feature/carbon-offset-project-on-refi-bc202208.html をもとに作成

カーボンオフセットプロジェクトで活用されるNFT

前述のReFiなどで活用されてGXにも貢献する、NFTについてご紹介します。

1 NFTとは？

NFTはNon-Fungible Tokenの略で、日本語では非代替性トークンと言います。簡単に言うと、他とは取り替えることができない唯一無二のデジタルデータ（資産）のことです。

従来、デジタルデータはコピーし放題で、何が元のデータか証明することは困難でした。しかしNFTであればブロックチェーンにより、見た目が同じでも本物と偽物を明確に区別することができるのです。

これは非常に画期的なことであり、様々な分野・領域におけるNFTの活用が世界的に進んでいます。

2 NFTの用途は多彩

「NFTアート作品が数十億円で売却された」といったニュースが注目されやすいことから、NFTはアート向けという印象をお持ちの人も多いかもしれません。

しかしNFTは、NFTトレーディングカード、NFTゲーム、NFT音楽、NFTファッション、NFT会員証、権利書、借金の担保など、非常に様々な業界・用途で活用できるトークンとなっています。

FIGURE 31 本物と偽物

美術作品、本物も偽物もどちらも区別がつかない…

NFTアートなら本物であると証明できる!

ReFiの担い手となるDAO

ReFiプロジェクトを運営することもあるDAOという新しい組織形態について紹介します。

1 DAOとは？

DAO＊は、日本語では**分散型自律組織**と訳されます。読み方は「ダオ」です。

一般的な会社のようにリーダー（中央管理者）が率いる組織ではなく、（権力を分散して）組織を構成する全員が意思決定に携わることで自律的に運営される組織です。

DAOでは、**ガバナンストークン**をメンバーのインセンティブに活用しています。ガバナンストークン（暗号資産あるいはNFT）は株式会社でいう株式のようなもので、DAOの意思決定に携わるには「ガバナンストークン」を保有する必要があります。

メンバーがDAOに貢献するとガバナンストークンを報酬として付与することができます。また、そのDAOの価値や認知度が高まるにつれて、ガバナンストークンの価値の向上も期待できます。つまり、DAOに貢献することがメンバー自身の利益にも繋がる仕組みとなっているのです。

2 ReFiの担い手となるDAOの例

ReFiの担い手となるDAOには下記などがあります。

● KlimaDAO……排出枠を遵守してカーボン・クレジットの提供を行う企業やプロジェクト、クレジットのマーケットメイキングを

＊ DAO　Decentralized Autonomous Organization の略。

するユーザーに対してインセンティブを付与し、市場の効率化を促進。

- ReFi DAO……再生可能エネルギー普及プロジェクトへの資金提供や技術支援、海洋汚染や森林破壊などの課題に取り組むプロジェクトの支援を実施。

FIGURE 32 従来型の組織とDAOとの比較

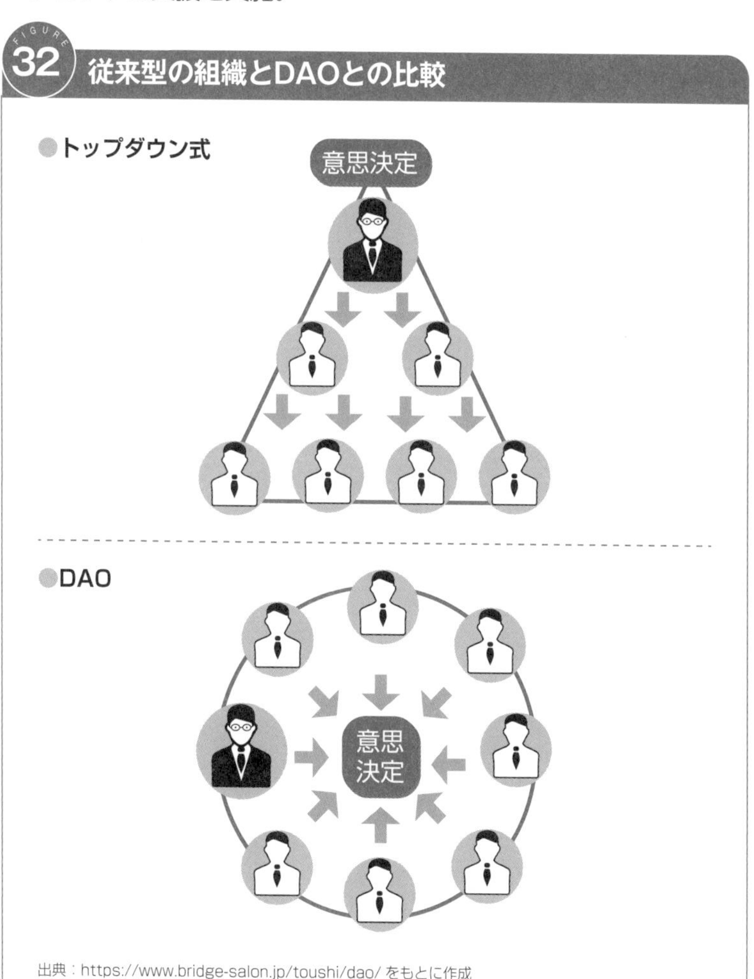

出典：https://www.bridge-salon.jp/toushi/dao/ をもとに作成

川崎の環境DAO「つながループ」

国内大手企業が手がける、NFTをインセンティブに活用する環境系DAOの事例をご紹介します。

1 川崎の環境DAO「つながループ」とは？

電通グループが手がける川崎の環境DAO**つながループ**は、家庭用コンポストで作られる堆肥を活用し、地域住民・農園・企業が一体となって食資源循環社会の実現に取り組むコミュニティ活動です。2022年7月、NFT型共創アプローチの実証実験を開始したと発表しました。

この実証実験は、エコ活動に取り組む市民コミュニティ活動「つながループ」を、環境DAOと見立てて行っている取り組みです。

2 NFTをインセンティブに活用

この実証実験では、まず、参加者各自が日々のエコ活動を通じてパズル型のNFTを1ピースずつ獲得します。そして、コミュニティ全体で規定のピース数が集まると一枚の絵が完成するという仕組みです。

パズル型のNFTの1ピースは約20kgの生ゴミ削減の証明書であり、その完成した絵はコミュニティで約180kgの生ゴミを削減した証明書となります。それと同時にアート作品としての側面も持ちます。

＊ **VCs**　Verifiable Credentialsの略。

このエコ実績アートNFTがオークションに出品されて落札されると、その落札価格が参加者の活動実績に応じて金銭的な報酬として分配されます。

従来「つながループ」のような市民有志による環境貢献活動では個々の貢献実績が可視化されず、経済的な見返りも乏しいため、活動の規模や継続性に課題がありました。このような状況を打破し持続可能な活動にするため、DAOやNFTが活用されているのです。

FIGURE 33 電通が手がける川崎の環境DAO「つながループ」

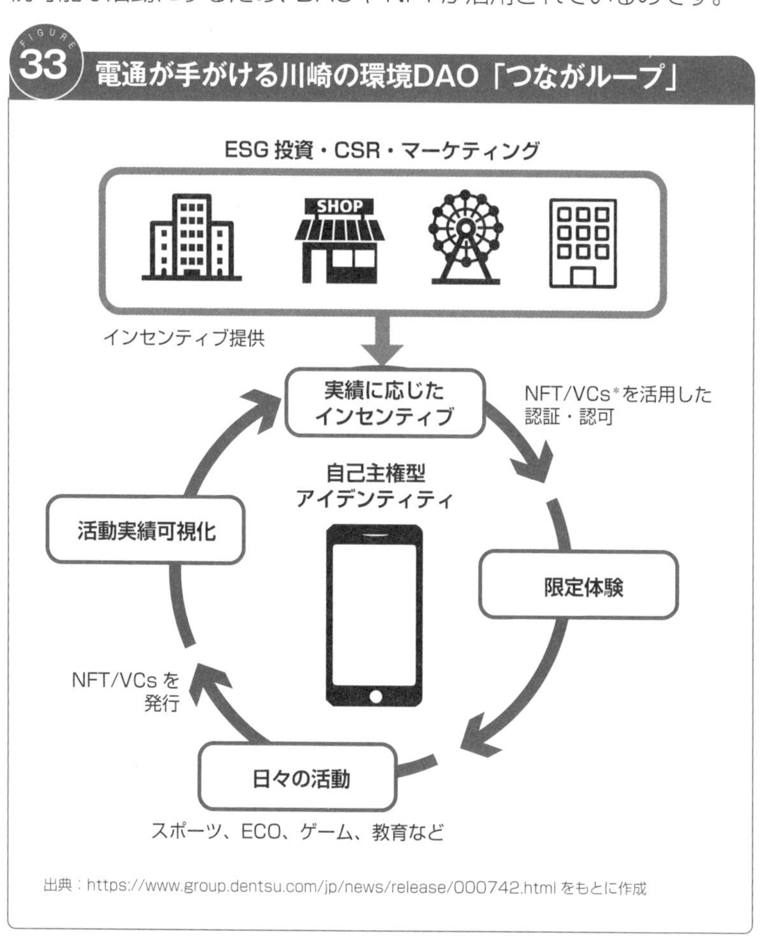

出典：https://www.group.dentsu.com/jp/news/release/000742.html をもとに作成

SDGsの達成に貢献するメタバース

SDGsの達成に貢献するメタバースについてご紹介します。

1 メタバースはインターネット内の仮想空間

メタバースという言葉は、一般的に「自身のアバターが活動できるインターネット内の仮想空間」のように認識されています。メタバース（Metaverse）とは、英語の「Meta（超越した）」+「verse（世界）」からくる造語です。

2 メタバースはエコな経済圏

今回は、特にSDGsの７個目の目標「エネルギーをみんなに そしてクリーンに」の観点から、SDGsの達成に貢献するメタバースの側面を見てみようと思います。

私はメタバースはエコであると考えています。なぜなら、人々がより長い時間をメタバースで過ごすようになれば、移動することが少なくなり、日々の自家用車やバス、電車、飛行機に乗る機会が減少するからです。そうなると、人間の活動によって消費されるエネルギーが少なくなります。温室効果ガスの排出などが削減されるでしょう。

移動することは減りつつも、経済は従来とは違う形で回っていきます。これはコロナ禍をイメージするとわかりやすいですね。コロナ禍では、人の移動が著しく制限されましたが、オンラインでの経済活動が盛んになりました。

このように社会が変化すれば、エネルギーを本当に必要な所に届けやすくなり、再生可能エネルギーによって電力をまかなえる割合も高まるのではないかと期待されます。

FIGURE 34 メタバースの定義

発信者	定義
Meta Platforms CEO マーク・ザッカーバーグ氏	メタバースとは、デジタル空間で人々と一緒にいることができる仮想環境である。見ているだけではなく、その中にいるような感覚になれるインターネットのようなものである。
Wikipedia	コンピュータやコンピュータネットワークの中に構築された、現実世界とは異なる3次元の仮想空間やそのサービスのこと
『メタバースとは何かネット上の「もう一つの世界」』 著者　岡嶋裕史氏	現実とは少し違う理（ことわり）で作られ、自分にとって都合がいい快適な世界
『メタバース進化論 仮想現実の荒野に芽吹く 「解放」と「創造」の新世界』 著者　バーチャル美少女ねむ氏	以下の7要件を満たすオンラインの仮想空間 ①空間性 ②自己同一性 ③大規模同時接続性 ④創造性 ⑤経済性 ⑥アクセス性 ⑦没入性
『メタバースがよくわかる本』 著者　松村雄太	自身のアバターが活動できるインターネット内の仮想空間

多くの業務を効率化する生成AI

2023年に大きな話題となっている生成AIのGXにおける役割を解説します。

1 社会を大きく変える生成AI

AIというと、「ITに詳しい人じゃないとわからない」とか、「結局使い物にならない」という印象をお持ちの人も多いと思います。しかし、文章を生成する**ChatGPT**や**Bard**、画像を生成する**Midjourney**や**Stable Diffusion**はそのようなある意味"過去の"常識を覆しました。「今まで数時間かかっていた業務がほんの数分で完了した！」という歓喜の声がよく上がっています。

これらの生成AIサービスは、あなたもお馴染みのLINEが使えるレベルの**ITリテラシー**があれば、それほど苦労なく使えるようになります。

2 生成AIはGXの良き相棒

ビジネスの現場から教育現場や家庭での日常まで広く活用が進む生成AIは、GXの良き相棒となります。特にChatGPTなどのチャットボット系のサービスは、良き壁打ち相手になります。どのようにGXに取り組んだら良いかわからない時も、ChatGPTに問いかけることで思わぬ糸口が見つかる事もあるでしょう。

また当たり前のことですが、生成AIを活用して従来の業務を効率化できれば、GXなど本当に取り組むべきことに注力する余裕も生まれるでしょう。

FIGURE 35 ジェネレーティブAIのカテゴリーと主なスタートアップ

テキスト

マーケティング
copy.ai Jasper Writesonic
Ponzu frase copysmith
Mutiny Moonbeam Bertha.ai
anyword Hypotenuse AI
Clickable letterdrop Simplified
Peppertype.ai Omneky CONTENDA

ナレッジ
glean
Mem
YOU

ライティング
Rytr wordtune Subtxt
LEX sudowrite LAIKA
NovelAI WRITER
COMPOSE AI
OTHERSIDEAI

AIアシスタント
Andi
Quickchat

セールス
LAVENDER
Smartwriter.ai
Twain
Outplay
Reach
regire.ai
Creatext

サポート（チャット／メール）
Cohere
KAIZAN
Typewise
CRESTA
XOKind

その他
AI Dungeon
Keys
charaster.ai

動画

編集／生成
runway
Fliki
Dubverse
Opus

パーソナライズド・ビデオ
tavus
synthesia
HourOne.
Rephrase.ai
Colossyan
HeyGen

画像

画像生成
Midjourney OpenArt
craiyon PLAYGROUND
WOMBO.AI PhotoRoom
ROSEBUD.AI alpaca
Lexica mage.space
Nyx.gallery
KREA artbreeder

コンシューマー／ソーシャル
Midjourney

メディア／広告
SALT
THE CULTURE DAO

デザイン
Diagram uizard
VIZCOM Aragon
Poly maket
INTERIOR AI
CALA

コード

コード生成
GitHub Copilot
Replit
tabnine
mutable.ai

Text to SQL
AI2sql
seek

ウェブアプリ設計
Debuild
Enzyme
durable

ドキュメンテーション
Mintlify
Stenography

その他
Excelformula bot

音声

音声合成
RESEMBLE.AI broadn
WELLSAID coqui
podcast.ai
descript overdub
Fliki Listnr
REPLICA VOICEMOD

3D

3Dモデル／シーン
mirage CSM

その他

音楽
SPLASH Mubert
AIVA Endel boomy
Harmonai Sonify

ゲーム
AI Dungeon

RPA
Adept
maya

AIキャラクター／アバター
character.ai
Inworld
The Simmulation
OASIS

バイオロジー／科学
Cradle

Vertical Apps
Harvey

※すでに多くのスタートアップ企業がジェネレーティブ AI を使ったサービスの開発に取り組んでいます。なお、この図は2022年10月末に制作されたものです。

参考：『図解ポケット 画像生成 AI がよくわかる本』（秀和システム）

エコなWeb3サービス

2022年前半にWeb3界隈で大きな話題になったSTEPN（ステップン）というサービスがあります。STEPNはGXとヘルスケアを両立させたサービスで、歩く（or 走る）ことを経済活動にし、多くの人を熱中させました。（ただし、本書の執筆時点は様々な事情から低迷しています）

STEPNではまず靴のNFTを購入します。そのNFTを保有しつつアプリを起動させて歩くと、暗号資産（仮想通貨）で報酬を受け取ることができます。「歩く」というとても単純な日々の活動を経済活動へと進化させることで、「もっと歩こう」という動機づけをしました。そして、STEPNを利用することで、痩せた人や健康意識が高まった人もいました。

STEPNを利用すると、お金が稼げて健康的になれるだけでなく、環境保護にも微力ながら貢献できます。今まであまり歩く習慣がなかった人も、「お金が稼げるなら」というモチベーションで歩くようになりました。「このくらいの距離ならタクシーに乗らずに歩こう」と思うようになった人もいたようです。

STEPNのようなWeb3サービスが広く普及するにはまだまだ課題があります。しかし、環境保護に通じる活動を促すインセンティブ設計に関して、何かしらのヒントをSTEPNなどのWeb3サービスから得られることもあるでしょう。

企業がGXに取り組むメリット

利益を出したい企業にとって、環境や社会問題への配慮は一見デメリットが多いように思えます。化石燃料をガンガン燃やし、そのエネルギーを利用してどんどん成長していく。多額の利益を生み出し、そのお金を利用してたくさんのモノを消費する。こうした経営スタイルは、もはや時代遅れになりつつあります。特にZ世代と呼ばれる若者たちには受け入れられません。

一見、利益を圧迫するだけのように見える環境や社会問題に対する取り組みも、長期的に考えると見え方が変わってきます。短期的から長期的に目線を変えるだけで、たくさんのメリットが見えてきます。企業にとってどのようなメリットがあるのか、目線を変えて確認してみましょう！

地球環境に貢献

地球環境問題は世界での最重要トピックの1つであり、企業にとっても環境問題への取り組みは欠かせません。

1 地球環境問題の深刻化

各企業が利益のみを重視し環境への影響を度外視した結果、経済成長は遂げたものの、環境へ深刻な影響をもたらしました。日本では4大公害病が発生し、現在でもその後遺症に苦しんでいる人がいます。現在では環境先進国であるドイツでも、酸性雨の影響で黒い森（**シュバルツバルト**）と呼ばれる森林の立ち枯れが発生するなど、世界各地で環境問題が多発しました。

2 GXを通じた地球環境への貢献

企業が環境問題に取り組むことは欠かせない、というのが近年のグローバルトレンドです。今までも**CSR**などを通じて環境問題に取り組む企業はありましたが、植林や途上国での学校建設といった本業とは関係のない取り組みがほとんどでした。そうした見せかけの取り組みではなく、事業を通じてイノベーションを起こしつつ、環境にも貢献するのがGXです。

GXを通じた環境貢献は、再エネの導入やCO_2の回収などのエネルギー関連技術の革新に代表される直接的な貢献だけではありません。工場やオフィスのデジタル化・AI化による省人化や、それに伴う省エネ、リサイクル素材の活用など、多様な観点でGXを通じた環境貢献が可能です。

エネルギー関連の企業だけでなく、すべての企業がGXを通じて環境問題に取り組むことが期待されます。

36 バリューチェーンとGXによる環境貢献

バリューチェーン	GXによる環境貢献事例
調達	・環境に配慮した原材料の調達 ・最終消費地に近い地域からの調達による輸送距離の最小化 ・需要予測精度向上による、緊急の飛行機輸送の削減
製造	・システム化やAIの導入による省人化・省エネ ・再生エネルギーを利用した工場稼動 ・需要予測精度向上による過剰生産の抑制 ・CO_2の回収・利用
物流	・AIによる輸送ルートの最適化 ・EV導入によるCO_2排出量削減 ・自動運転による省人化・事故や渋滞の防止 ・配車の最適化による積載効率の向上
販売	・需要予測精度向上による廃棄量の削減 ・店員のAI・機械への代替による省人化 ・キャッシュレスの導入による決済・会計管理の効率化
サービス	・AIによる各個人のに最適化されたサービスの提供 ・環境に配慮した製品・サービスの提供による顧客満足度向上 ・環境指標の開示による、顧客への透明性向上

ブランド力がアップ

GXに取り組むことで環境に優しい先進的な企業として箔が付きます。ブランド力アップと利益率アップについて解説します。

1 ブランド価値の変化

ブランド力が上がると価格が高くても消費者に選んでもらえるため、利益率向上に繋がります。例えばハイブランドとして有名なルイ・ヴィトンのバッグは高くても買われています。

今までは、希少なものや高度な技術を用いて作られたものがブランドでした。ルイ・ヴィトンのバッグは、その精巧さや希少性によりブランド価値を高めてきました。

しかし、近年ではその傾向が変わりつつあります。生産技術の向上により、高性能なモノを大量生産することができるようになり、あらゆるモノのコモディティ化が進みました。結果として、希少性や精巧さはブランド力アップにそれほど寄与しなくなったのです。

2 GXによるブランド力アップと利益率アップ

近年では、環境や社会貢献への寄与がブランド力向上に大きく関わるようになりました。SDGsの認知度向上に代表されるように、環境・社会問題に対する消費者の感度は高まっています。消費者は、モノやサービスそのものの価値だけではなく、消費者に届くまでの過程における環境・社会貢献を評価するようになったのです。

GXを通じて環境に優しい先進的な企業であることをアピールすることができれば、ブランド力アップに繋がります。結果として、高価格でも消費者に選んでもらえるようになり、利益率の向上にも繋がるでしょう。

FIGURE 37 消費者の持つブランド価値の変遷

	消費者の重視する価値観	具体例
従来	・品質・精巧性 ・希少性	**ルイ・ヴィトン（バッグ）** ・丈夫で高品質な本革バッグ ・大量生産品でないため希少価値も高い **ロレックス（時計）** ・高度な技術を持つ時計技師による精巧な作り ・手作業による生産のため供給量は限られる
近年	・環境への配慮 ・社会課題への配慮	**パタゴニア（登山用品）** ・環境問題の解決が経営目的 ・素材・製造プロセス共にサステナブルなものに限定 **オールバーズ（スニーカー）** ・自然素材が由来の製品のみを販売 ・全商品のカーボンフットプリントを計測・公開

従来型のブランド企業も消費者の価値観に合わせ、環境・社会課題に貢献するなどブランド維持に努めています。

資金調達力や市場競争力の強化

民間企業にとって、投資家や消費者に選択されるような取り組みは欠かせません。この節では、資金調達力、市場競争力の強化について解説していきたいと思います。

1 投資家に選ばれる

各企業の運営において**資金調達**は最重要課題の1つです。資金がなければ事業を運営・拡大することができません。したがって、各企業は投資家に選ばれるべく利益の拡大や成長戦略の公表をしてきました。

従来であれば、利益のみを重要視する投資家がほとんどであり、利益さえ伸びれば資金調達ができました。しかし、サステナビリティやESGの流れを受け、近年では利益だけでは投資家に選ばれません。ただし、環境に配慮しておけば資金が集まるのかというと、そうでもありません。

利益を出しつつ環境にも配慮することが求められているのです。そこで登場するのがGXです。環境に配慮しつつ、技術や事業に変革を起こすことで、利益も生み出すことができます。今後、投資家に選ばれ続けるためには、GXが必須になるでしょう。

2 市場競争力もアップ

資金が集まれば、新技術・商品の開発や新システムの導入、新サービスの開始など様々なことに挑戦できます。すると、市場における企業の魅力は上がっていきます。投資家、消費者からの人気が高まるだけでなく、求職者にとっても魅力的に映ります。

結果として優秀な人材が集まることでイノベーションに繋がり、それがさらなる魅力を生み出すという好循環が生まれます。GXによる好循環をきっかけとし、日本経済の活性化に期待したいですね。

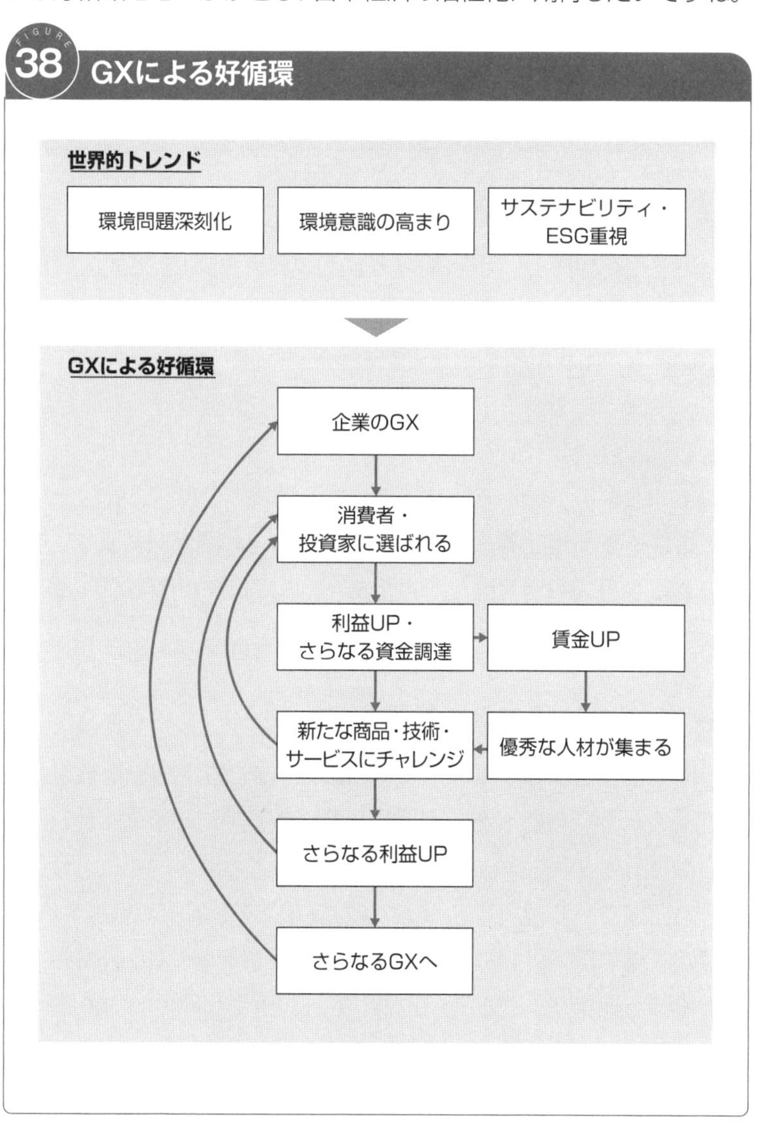

省エネ・省人化によるコストの削減

コスト削減もGXにおける重要なメリットの1つです。この節では、省エネによるコストの削減と、省人化によるコスト削減について解説します。

1 省エネによるコスト削減

岸田首相を議長として開催された「GX実行会議」にて閣議決定された「GX実現に向けた基本方針」において、**省エネ**は第一に掲げられています。化石燃料を自給できない日本において、安定的なエネルギー確保のため省エネは欠かせない戦略に位置づけられるということです。

今までムダに浪費していたエネルギー消費を止め、必要な分だけエネルギーを利用するスタイルに変えていく必要があります。まずはエネルギーの利用状態を可視化し、どこにムダがあるか認識することが省エネへの第一歩です。

2 省人化によるコスト削減

世の中にはムダな仕事がたくさんあります。皆さんも仕事をする中で、「自分がこの仕事をして何の意味があるのだろう?」「あの役割はいてもいなくても同じでは?」などと思うことはないでしょうか。

それらはすべて事実であり、ムダな仕事です。すべて機械やAIで代替できます。今後はGXを通じてムダな仕事を削減し、必要なところに投資を集中することで、エネルギー利用量を抑えつつ業務改革を図る必要があるでしょう。ただし、人をいたずらに削減するのではなく、イノベーションを生み出すための新たな**雇用創出**も必要です。

ムダだなと思いつつ仕事や雇用を続けてしまうと、機械やAIへの代替圧力は高まりません。社会・経済の仕組み全体が効率化されると、生活の質を落とすことなく私たちの総労働時間は短縮できるはずです。環境の変化を恐れず、変革を受け入れていきましょう。

GXを通じたムダな仕事とコストの削減

	企業視点	従業員視点
ムダな仕事の維持	・雇用人数が多く人件費が高い ・オフィスの維持や通勤費の支給などがかさむ ・福利厚生費もかさむ ・従業員からは文句ばかり言われる	・ムダな仕事だと感じており面白くない ・モチベーションも上がらない ・結果として効率も上がらない ・残業が多く、毎日の仕事に疲弊 ・1日の平均労働時間は8時間+残業2時間
ムダな仕事の削減	・AIや機械で代替し、人件費を削減 ・広くて立派なオフィスも不要 ・AIや機械には文句を言わず24時間働いてもらえる ・オフィスや工場の稼動も最適化され、エネルギー利用料も削減	・AIはコワイと思っていたが、AIが作業を手伝ってくれる ・ムダな仕事はAIが行ってくれる ・結果として、面白い仕事に集中できるためモチベーションアップ ・1日の労働時間は5時に削減されたが、賃金はUP

イノベーションを生み出すきっかけに

現状維持ではイノベーションは生まれません。ここでは、イノベーションのきっかけとしてのGXについて解説していきましょう。

1 困りごとがイノベーションに

どの時代においても、**イノベーション**のきっかけは「欲」か「困りごと」です。より速く、より遠くへ移動したいといった欲望から飛行機や自動車が発明されましたし、在庫が余るという困りごとからトヨタの「かんばん方式」は誕生しました。何か欲望を実現するため、あるいは何か困りごとを解決したいがためにイノベーションが起こるのです。

2 イノベーションのきっかけとしてのGX

生活が豊かになった現代においては「困りごと」の提起が難しくなりつつありますが、企業にとって**環境規制**は新たな困りごとです。従来は環境と経済成長をトレードオフの関係として捉え、利益最大化を目的としてきたものの、近年では環境に配慮しつつ利益も求められるようになったためです。

現状維持では、消費者や投資家から選んでもらえず、企業の存続が危ぶまれてしまいます。したがって、各企業が大なり小なり何かしらの変革を起こす必要があります。それがGXです。その変革の積み重ね、あるいはいずれかの企業の大きな変革がきっかけとなり、社会構造全体が大きく変わるイノベーションが起こるかもしれません。GXをきっかけにイノベーションが起こり、面白くてサステナブルな新たな時代が到来することに期待しましょう。

社会変革の変遷とSociety5.0

Society5.0	●新たな社会 ・仮想空間と現実空間を高度に融合させた社会 ・経済発展と環境問題・社会課題の解決が両立する ・AIやロボットと人間の共生が当たり前となる
Society4.0	●情報社会（現代） ・インターネットの普及により情報の伝達や処理が格段に進み、情報を中心に経済が回る社会
Society3.0	●工業社会 ・化石燃料を利用し、機械化による大量生産ができるようになった工業化の進んだ社会
Society2.0	●農耕社会 ・農業を通じ自ら作物を育て食物を得る社会
Society1.0	●狩猟社会 ・自然界で動物を狩って生活する社会

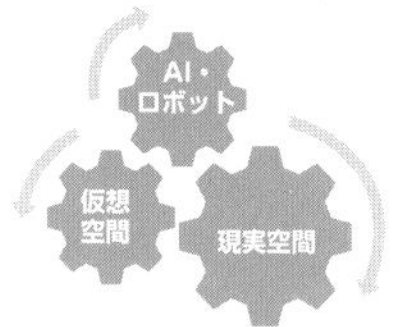

環境問題・社会課題の解決と経済成長が両立する新たな社会は「Society 5.0」と呼ばれ、内閣府の科学技術計画により「我が国が目指すべき未来社会の姿」とされています。

Column

あなたの預金が環境破壊に寄与しているかも？

キャッシュレスが浸透しつつある現代において、お金を現金として手元やタンスに保管している人は少なくなってきています。現金で持っていたとしても、なくしてしまったり盗まれてしまったりするリスクがありますし、金利もつきません。したがって、ほとんどの皆さんは銀行口座に預け入れ、残高を数字として把握する程度になっていると思います。

ただし、皆さんが銀行に預け入れしているお金が、環境破壊に繋がっているかもしれません。銀行は、ボランティアとして皆さんのお金を預かっているわけではなく、預かったお金を元に投資を行い、運用益を得ています。その投資先が問題となり得るのです。

銀行はお金を増やさないと利益が出ないので、儲かりそうな事業に投資を行います。そこには、環境破壊や気候変動に繋がる可能性のある投資先も含まれているかもしれません。

石炭火力発電所がその一例です。石炭は石油や天然ガスと比べて安価かつ偏在が少ないため、途上国を中心にまだまだニーズがあります。したがって、投資先としてもまだまだ魅力があるでしょう。一方、石炭火力発電所は、石油や天然ガスと比較してもCO_2や大気汚染物質の排出量が多く、再エネの導入が急がれる世界的トレンドに逆行しています。（ただ、経済や国家安定のために発電所は必要不可欠なため、必ずしも悪ではない点にご注意を）

そこで、環境破壊に繋がる投資を行っている金融機関からお金を引き上げる動きが出ています。その動きを「ダイベストメント」と呼びます。350.orgなどの環境団体から、各金融機関の環境への取り組み状況を調査したレポートも発表されています。今一度、自分の利用している金融機関がどのようなところに投資しているか、ぜひ確認してみてください。

GXの取り組み事例

各企業は、GXの取り組みを積極的に進めています。GXを推進することで、投資家や消費者から選んでもらえるためです。逆に、現状維持では選んでもらえなくなってしまいます。

ただ、変革に痛みはつきものです。大きな投資も必要になりますし、現場社員からの反発もあるかもしれません。そうした困難を乗り越えてでも、GXを成し遂げるべく、各企業は様々な取り組みを進めています。

イオン“学生や他社ともGXで協業”

小売り国内最大手のイオンは、1758年の創業以来、環境に配慮した活動を続けています。

1 店舗GXだけでなく学生とのコラボも

イオンは「お客さまを原点に平和を追求し、人間を尊重し、地域社会に貢献する」という基本理念のもと、「持続可能な社会の実現」と「グループの成長」の両立を目指しています。

店舗運営における再エネ導入や、環境に優しい商品の導入、物流効率化によるCO_2の削減といった脱炭素の活動はもちろんのこと、早稲田大学とタッグを組み**AEON TOWAリサーチセンター**を設立し、環境問題などの社会課題の解決を推進しています。

また、アジア各国の学生が集い、環境問題や地域課題、各国の文化や価値観の違いを学ぶ**アジア学生交流環境フォーラム**（ASEP）の開催を通じ、環境分野の人材育成にも取り組んでいます。

2 テクノロジーを活用して他社とも協業

GX実現には、他社との協業も重要です。イオンでは、JALやKDDIとコラボし、ドローンとデジタル技術を活用した持続可能な店舗運営の実証実験を行っています。ドローンを用いたサプライチェーンの効率化を通じたGXの実現を通じ、人口減少やトラックドライバーの労働時間に関する新たな法規制（物流2024年問題）といった課題へ対応していく計画です。ドローンとデジタルを掛け合わせた、持続可能で新しい買い物体験の実現に期待ですね！

FIGURE 41 イオンと大学の協業イメージ

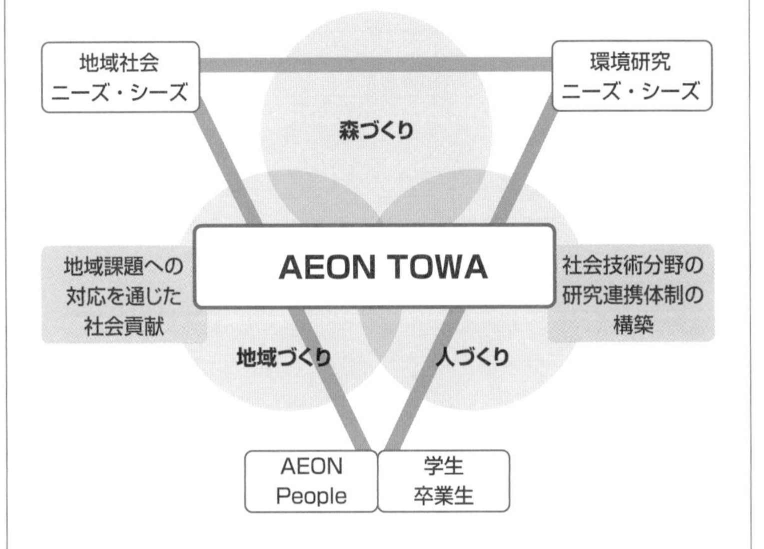

イオンと早稲田大学がより近くなって
次の社会の貢献する人材を育成

※著者の松村は、早稲田大学招聘研究員として AEON TOWA リサーチセンターで環境分野の研究や人材育成に取り組んでいます。

- **森づくり**：環境、地域の伝統・文化に配慮した、木を植えるとともに、木を育て、木を活かす活動
- **地域づくり**：森づくりを通じて環境、経済・社会が統合した持続可能な地域づくり
- **人づくり**：次世代を担うグローバルな環境人材・リーダー育成

出典：AEON TOWA リサーチセンター、https://www.aeontowa.jp/about.html

JAL “「飛び恥」を乗り越えて”

航空機による環境負荷は非常に大きく、欧州を中心に「飛び恥」という考え方が広まっています。

1 飛行機移動は恥ずかしい？

飛行機による移動は、鉄道や自動車など他の交通機関と比べてCO_2排出量が多く、環境負荷が大きいです。環境意識の高いヨーロッパでは、飛行機移動を恥とする**飛び恥**という考え方の下、飛行機移動を避ける人も出てきています。

「環境少女」グレタさんが、スウェーデンから**国連気候サミット**開催地のニューヨークへ移動するため、飛行機ではなくヨットを利用して大西洋を横断したことも話題となりました。

2 人にも自然にも優しい航空会社へ

ESG戦略を「価値創造・成長を実現する最上位の戦略」と位置づける**日本航空グループ**（JAL）は、事業戦略の4つの柱の1つとしてGX推進を掲げています。

環境への配慮が強く求められるようになった近年、航空会社は利益を出しつつ環境負荷を下げる必要に迫られました。そこでJALは、GXを通じた利益と環境の両立を目指しています。

＊ **SAF**　Sustainable Aviation Fuelの略。

代表的な取り組みは、環境に優しい燃料である**SAF***の開発促進・導入です。SAFは**バイオマス**や廃棄プラスチックなどを原料とする燃料で、特にバイオマスを利用した燃料の場合、生成過程でCO_2を吸収するため、CO_2排出量が実質ゼロとなります。飛行機移動をしてもCO_2が出ない世界が近づいているということですね。GXを通じた人にも自然にも優しい飛行機移動の実現、ぜひ期待したいです。

FIGURE 42 JALの中期経営計画

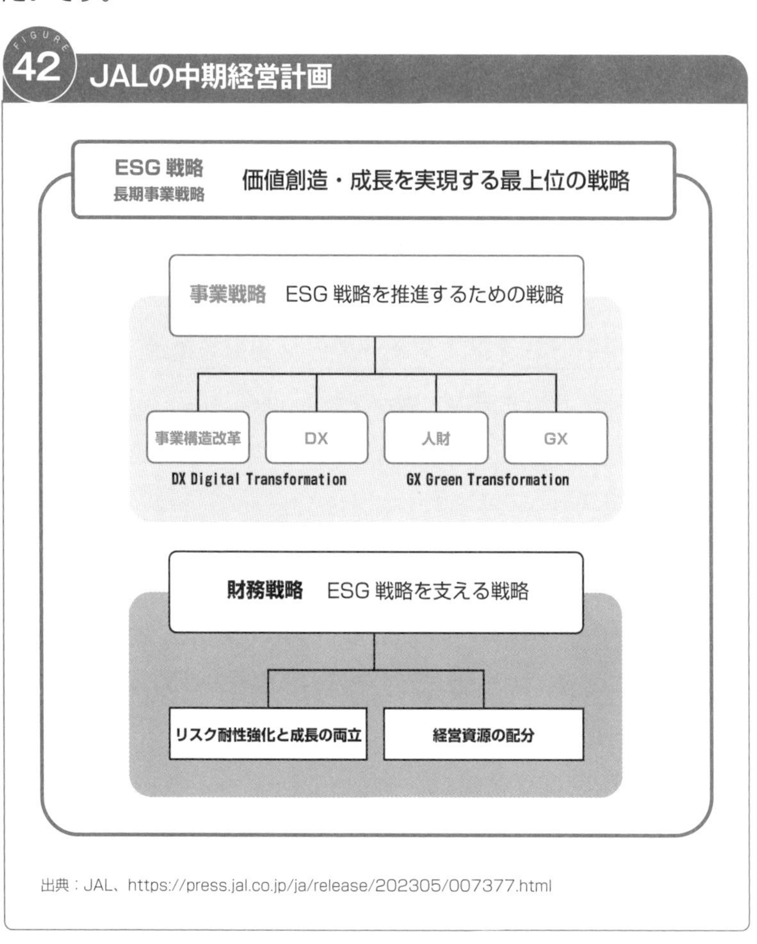

出典：JAL、https://press.jal.co.jp/ja/release/202305/007377.html

MUFG “GX関連の投融資を推進”

三菱UFJフィナンシャルグループ（MUFG）では、自らをGXで変革させると共に、投融資を通じて他社のGXを促しています。

1 世界が進むチカラになる

MUFGでは、自社のパーパスを「世界が進むチカラになる」と定め、環境・社会課題への貢献に強くコミットしています。自社の温室効果ガス排出量を2030年にネットゼロにするだけでなく、投融資ポートフォリオの温室効果ガス排出量を2050年ネットゼロにするとしています。他社を巻き込んだGXを推進することで、世界の変革の力となる強い意思を感じることができます。

2 エネルギートランスフォーメーションを推進

MUFGでは、**エネルギートランスフォーメーション戦略プロジェクトチーム**を立ち上げ、業界団体や官公庁と対話を行いつつ顧客のエネルギーやサステナビリティを中心とした経営課題の解決や付加価値の提供をグローバルで推進しています。

例えば、日本航空に対しては**国際資本市場協会**（ICMA）の**グリーンボンド原則**といった専門的なフレームワークの策定や、ESG関連の外部評価であるセカンド・パーティ・オピニオンの取得サポートなどを通じ、債券発行を支援しました。

こうした持続的な金融観点でのサポートによりJALは人にも自然にも優しい航空会社への変革を進めています。

FIGURE 43 三菱UFJの企業変革・GXのイメージ

出典：MUFG、https://www.mufg.jp/csr/environment/tcfd/strategy/index.html

NTT “国内最大のグリーンボンドを発行”

国内通信最大手のNTTグループでは「NTT Green Innovation toward 2040」を掲げ、GXを推進しています。

1 グリーンボンド発行を通じたGXの資金集め

NTTは2021年、国内最大となる3000億円規模の**グリーンボンド（環境債）**の発行を公表しました。グリーンボンドとは、使用用途を環境関連に限定した債権のことで、調達した資金は再生可能エネルギーの導入や、エネルギー効率化に向けた**IOWN**＊構想の実現などGXの推進に活用されます。

IOWN構想とは、あらゆる情報を基に全体最適・個別最適を実現する情報ネットワーク構想のことで、光を中心とした技術を利用したインフラ基盤となる想定です。実現されれば、エネルギー効率が今より格段に上がり、電力消費量も大幅に削減されることが予想されています。

2 本社を群馬に移転！　社員はテレワーク

NTTでは、本社機能の一部を東京から群馬県高崎市に移転しました。基本的に社員はテレワークのため出社する必要がなく、通勤時に発生するエネルギーを抑えることができます。また、働き方を自由に選べるようになることで、社員の**ワーク・イン・ライフ**（健康経営）を推進するとしています。環境にも社会にも社員にも貢献するNTT。今後も消費者・投資家に選ばれ続ける企業となるでしょう。

＊ **IOWN**　Innovative Optical and Wireless Network の略。

FIGURE 44 NTTグループのカーボンニュートラルに向けた取り組み

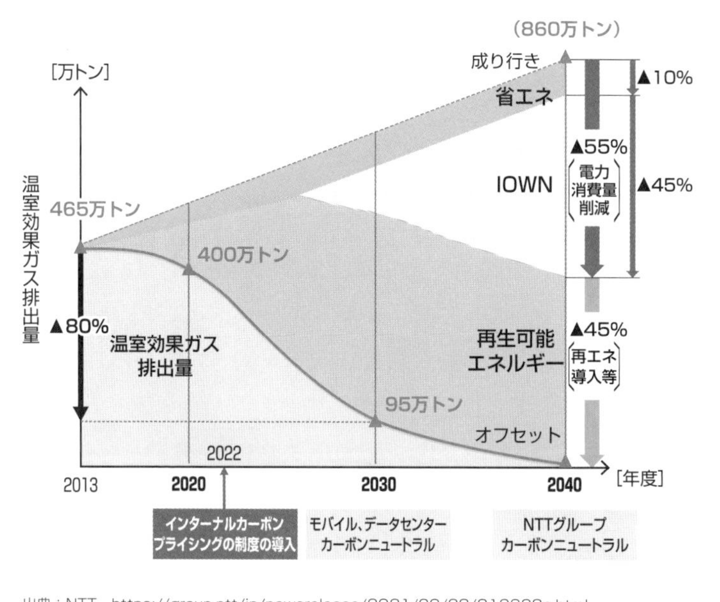

出典：NTT、https://group.ntt/jp/newsrelease/2021/09/28/210928a.html

ワーク・イン・ライフ
推進で、環境や社会
にも貢献。

INPEX “石油会社も脱炭素の時代”

日本最大の石油会社であるINPEXも時代の流れには逆らえません。石油会社も脱炭素の時代に入りました。

1 水素・アンモニア技術を開発・推進

石油・天然ガスの開発を主事業とする**INPEX**では、2050年のカーボンニュートラルに向け、水素・アンモニア技術の開発に取り組んでいます。天然ガスを改質して水素を取り出し、その際発生したCO_2を**CCS**＊・**CCUS**＊を利用して回収・利用することで、CO_2排出量を実質ゼロとする**ブルー水素**の技術開発を推進しています。

新潟県柏崎市でプラントを製造すると共に、アラブ首長国連邦のアブダビでもプラントを建設しています。2030年までに、年間10万トン以上を生産することを目標としており、新たなエネルギー源として着目されています。

2 メタンを合成！　メタネーション技術

さらに、水素とCO_2を反応させてメタンを製造する技術である**メタネーション**にも取り組んでいます。ブルー水素を利用して製造されたメタンは、CO_2排出量が実質ゼロです。また、保管・輸送に莫大な投資が必要となる水素とは異なり、メタンは既存のインフラを活用することができるため、早期の導入拡大が期待されています。

脱炭素・脱石油の潮流に合わせ、GXを通じて改革を図るINPEX。今後の動きに要注目です！

＊ **CCS**　Carbon dioxide Capture and Storageの略。工場などから発生したCO_2を回収、地中に貯蓄する技術。
＊ **CCUS**　Carbon dioxide Capture Utilization and Storageの略。工場などから発生したCO_2を回収し、古い油田からの石油抽出などに利用する技術。

メタネーションのイメージ

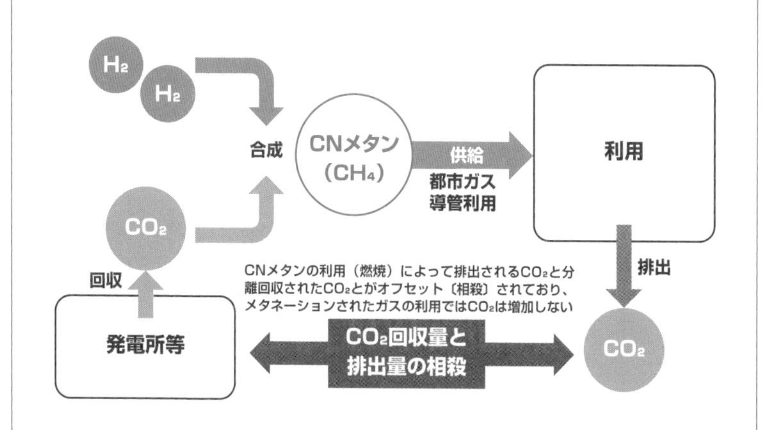

出典：一般社団法人 日本ガス協会、https://www.meti.go.jp/shingikai/energy_environment/methanation_suishin/pdf/001_06_00.pdf

日立
“DX×GXで脱炭素を目指す”

世界有数の総合電気メーカーである日立は、DXを通じたGXを推進しています。

1 DXはGXを大きくサポート

DXはGXにも大きく寄与します。工場のスマートファクトリー化や、AI・機械化による省人化によって、労働者の働く時間が短くなるだけでなく、エネルギー効率も上がります。

日本は労働生産性が低く、長時間労働が常態化しています。DXを通じた生産性の向上、そしてエネルギー効率の向上によるGXの実現をさらに進める必要があります。

2 日立はDX×GXを推進

日立は、まさにDXを通じたGXを推し進め、生産性やエネルギー効率向上に大きく貢献している企業です。例えば、日立の「DX×GXのマイクログリッド型エネルギー供給サービス」では、エネルギー関連設備におけるDX推進を通じ、企業のGXのサポートを行っています。

具体的には、エネルギー関連の企業に対し、設備への初期投資や運用保守のDXサポートを行うことで、効率的なエネルギー運用の実現を可能としています。

2023年度後半に実現予定の茨城県日立市でのモデルケースでは、4つの事業所をまとめて電力・熱エネルギーの最適化を行うことで、CO_2排出量を15%削減することができると公表しています。

FIGURE 46 日立のGX実現イメージ

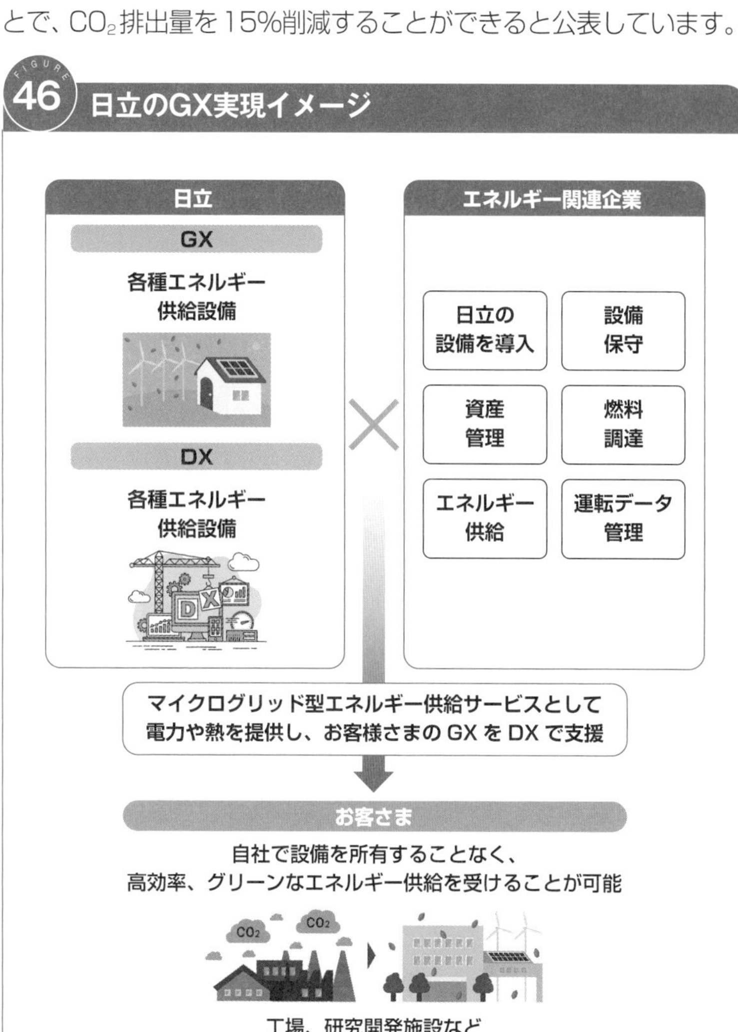

出典：日立、https://www.hitachi.co.jp/products/energy/ROMS/index.html

大成建設 “人がいきいきとする環境を創造”

大成建設はGX推進に積極的なゼネコンで、ESG関連指標の開示にも積極的です。

1 サステナビリティ経営を標榜

大成建設は、建設業を中核とした事業を通じてサステナビリティ課題の解決を図るという**SX（サステナビリティ・トランスフォーメーション）**を実現し、人々が豊かで文化的に暮らせる**レジリエント**な社会づくりに貢献することをサステナビリティ基本方針としています。

また、サステナビリティ総本部を設置すると共に、最高サステナビリティ責任者（CSO）を選任することで、サステナビリティを全社的な取り組みへと昇華させています。

2 建築資材の資源循環サイクルを構築

建築物の建設時には大量の材料を使い、解体時には大量の廃棄物が出ます。大成建設では、それらを資源として循環させると共に、脱炭素と組み合わせる取り組みを行っています。

東京製鐵と共同で解体時の鉄スクラップを回収し、建築資材の原料として再利用することで、資源循環ループを作り上げています。

また、鋼材の生産プロセスにおいても、CO_2排出量の小さい鋼材への転換や再エネの利用により脱炭素を推進しています。国内全産業のCO_2排出量の約40%を鉄鋼業界が占めていると言われていますが、本取り組みにより大幅なCO_2削減・資源の再利用が期待できます。

FIGURE 47 大成建設の脱炭素・資源循環サイクル

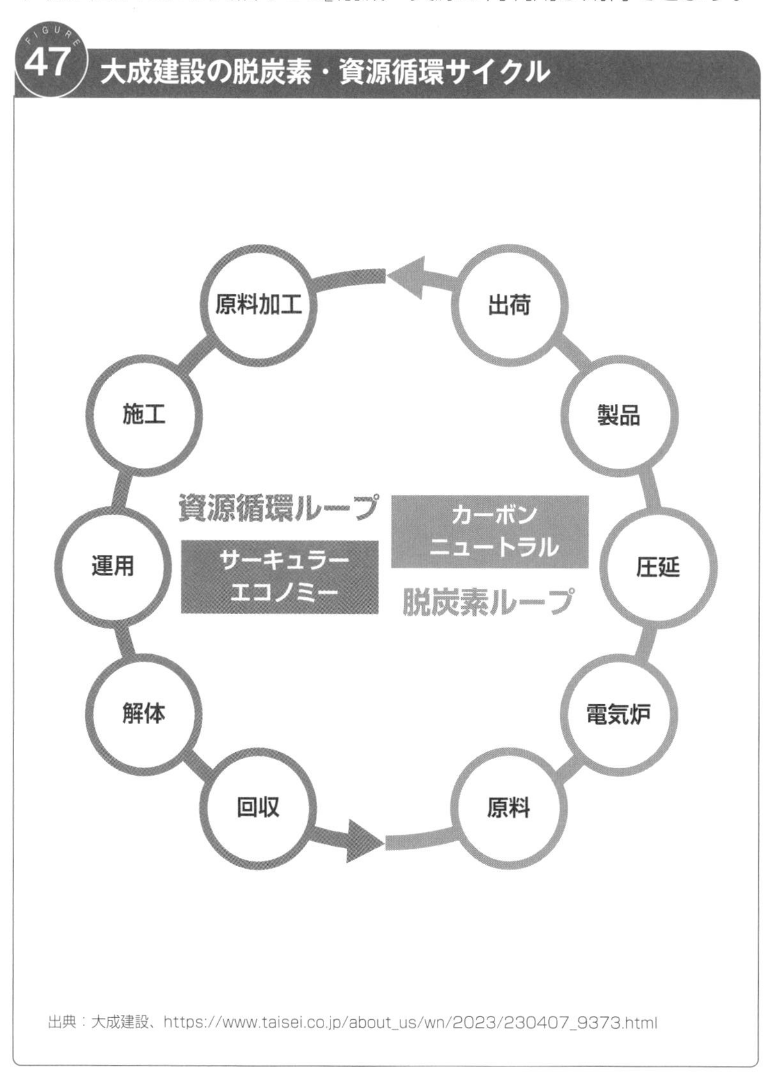

出典：大成建設、https://www.taisei.co.jp/about_us/wn/2023/230407_9373.html

Microsoft “他社を巻き込みGX推進”

創業者のビル・ゲイツは環境問題に強い関心を寄せており、持続可能な未来に向けた著書も出版しています。

1 カーボンニュートラル・カーボンネガティブのその先へ

2020年、**マイクロソフト**は**カーボンネガティブ**を達成しました。カーボンネガティブとは、排出するCO_2より吸収・除去するCO_2の方が多い状態のこと、カーボンニュートラルの一歩先の状態です。マイクロソフトはさらに一段上の目標として、2050年までに創業以来排出したCO_2をすべて回収するという目標を立てています。

2 周囲を巻き込んだGXを推進

マイクロソフトは、Surfaceなどのデバイスを100%リサイクル可能な素材にしたり、データセンターで利用するエネルギーをすべてカーボンフリーとするなどの自社での取り組みだけでなく、他社を巻き込んだGXを推進しています。

イタリアの**Flowe**という**グリーンデジタルバンク**では、再生木材からできたデビットカードを提供しており、そのカード利用時に排出されるCO_2量を確認することができる機能がつけられています。マイクロソフトは、構想段階から関わっており、システムも**Microsoft Azure**上で動いています。

日本でも、富士通と協業して**SX***を通じた社会課題解決に取り組むことを公表しています。

＊ SX　Sustainablity Transformationの略。

FIGURE 48 マイクロソフトのGXに関するコミットメント

Carbon（炭素）2030年までにカーボンネガティブ	Water（水）2030年までにウォーターポジティブ
・2025年までに直接排出量をほぼゼロにする ・2030年までにスコープ3の排出量を半分に削減する ・2050年までに創業以来のCO_2排出量を削減する	・水の使用量を削減する ・水ストレスの高い地域に水を補給する ・より多くの水へのアクセスを確保する ・水データのデジタル化

Waste（廃棄物）2030年までに廃棄物ゼロ	Ecosystem（生態系）プラネタリーコンピューターの構築
・Microsoft Circular Centerでデバイスを再利用およびリサイクルする ・使い捨てプラスチックを排除する ・従業員の参加により廃棄物を減らす取り組み	・ビッグデータとテクノロジーを使用して自然界を監視、モデル化、管理する ・2025年までに使用する土地よりも多くの土地を保護する

出典：Microsoft、https://www.microsoft.com/ja-jp/industry/blog/sustainability/2023/01/13/microsoft-sustainability-manager/

新潟県 “雪を厄介者から資源に転換”

各自治体でもGXが進められています。雪エネルギーという新しい概念について解説していきます。

1 再エネで電力の地産地消を推進

本州の日本海側で最大の都市である新潟市では、2050年までにCO_2排出量ゼロとする**ゼロカーボンシティ**を目指しています。それにあたり、新潟市・JFEエンジニアリング・第四北越FGの官民共同により**新潟スワンエナジー**という地域電力会社を設立しました。

「新潟スワンエナジー」では、ごみ焼却によるエネルギーや、地域内の風力や太陽光といった再エネを調達し、地域に供給した上で、収益を新潟市に還元して再エネ設備などのグリーン投資に繋げるというサイクルを作り出しています。

官民共同での取り組み、かつ地域内に利益や雇用を生み出し、結果的にカーボンニュートラルの実現にも繋がるという、先進的なGX事例ですね。

2 雪国ならではのエネルギーも活用

世界有数の雪国である新潟県では、雪を厄介者ではなくエネルギーとして活用する取り組みが進められています。新潟県南魚沼地域振興局では、冬の間に雪室へ雪を貯蔵し、夏に冷房として活用することで、CO_2排出量の大幅削減を実現しています。

雪エネルギーは「**新エネルギー利用等の促進に関する特別措置法（新エネ法）**」にて「新エネルギー」として定義されており、国策として導入が推進されています。

エネルギー政策について詳しく知りたい場合は、拙著『図解ポケット 環境とエネルギー政策がよくわかる本』(秀和システム) も合わせてご覧ください!

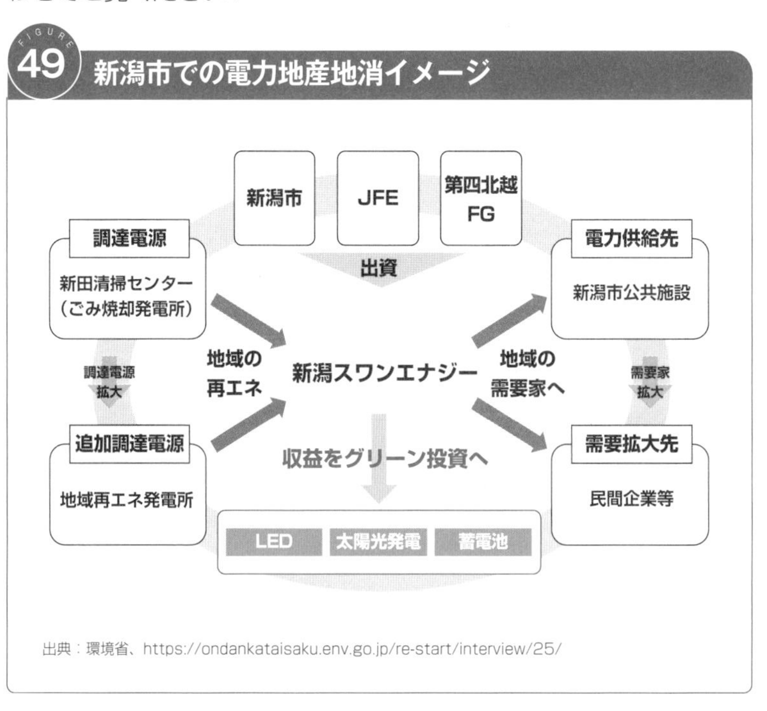

出典:環境省、https://ondankataisaku.env.go.jp/re-start/interview/25/

Column

電力自給率800%!
デンマークのロラン島とは

北欧の小国、デンマークは環境先進国として有名です。各国の環境に対する政策や取り組みを評価した指標である「環境パフォーマンス指数(EPI)」によると、2022年、最も環境パフォーマンスの高い国はデンマークでした。

環境教育も盛んで、環境に配慮した生活が広く国民に根付いています。自然の中で子育てを行う「森のようちえん」の発祥もデンマークですし、世界最大の風力発電企業であるオーステッドもデンマークの企業です。

国を挙げて持続可能な社会の実現に取り組んでいるデンマークですが、中でも首都コペンハーゲンのあるシェラン島の南西に位置するロラン島は、サステナブル・アイランドとして有名です。

ロラン島は、1980年代まで造船業が盛んでしたが、造船所の閉鎖により徐々に廃れていきました。そこで、ロラン島では農家などの個人が先導して風車の建設に取り組むと共に、造船所の跡地を利用して風車のブレードの生産を始めました。さらに、豊富な自然環境を利用し、農業廃棄物や家畜の糞尿をバイオマスエネルギーとして活用する取り組みも進めています。

こうして島内でエネルギーを自給する仕組みを作り上げたロラン島は、2023年時点で電力自給率800%を達成し、首都コペンハーゲンなどへ電力を供給するまでになりました。造船業の廃業による経済の衰退からの見事な立て直しですね。

再生可能エネルギー導入を通じた持続可能な社会の実現、および経済の活性化は、地域で成し遂げたGXとして先進的な事例です。ヨーロッパを訪れる機会があれば、ぜひロラン島にも足を運んでみてください。

GX投資

2015年、第21回気候変動枠組条約締約国会議（COP21）にて「パリ協定」が採択されました。京都議定書以来の気候変動抑制に関する世界的な協定であるパリ協定は、すべての国が参加することとなった初めての気候変動に関する協定です。

つまり、全世界が気候変動を抑制するため、さらにカーボンニュートラルを実現するため様々な取り組みを推進していくということです。したがって、各国が国策としてGXに集中的に投資を行うと考えられます。この世界的なトレンドを受け、一個人としても「GX投資」に挑戦し、GXの推進に貢献してみましょう！

GX関連銘柄に注目

「国策に売りなし」は投資における格言です。この節では、GX関連銘柄について解説していきましょう。

1 「環境」は世界的なトレンド

パリ協定や**SDGs**、**カーボンニュートラル**など、近年では環境関連の言葉がある種のバズワードとなっています。ただし、これらは一時的なバズワードではなく、多くの国でしっかりと国策として推進されている取り組みです。特に環境意識の高いヨーロッパにおいては、国策としての取り組みを通じこれらの概念が広く一般市民にも根づいています。

近年ではGXもトレンドの1つとなりつつあります。単に環境を保護するのではなく、社会・経済の構造から変革させることで経済成長も促すというコンセプトが、受け皿の広い取り組みと捉えられているためです。

2 世界の国策「GX」に売りなし

投資において「国策に売りなし」と言われています。投資や法整備など政府による強い後押しが継続的になされる国策は、関連銘柄の強い成長が半ば保障されていると言えます。したがって、国策関連の銘柄には機関・個人投資家から資金が流入します。

GXも国策の1つであり、2050年のカーボンニュートラルに向け継続的に国からの後押しがなされます。したがって、少なくとも2050年まではGX関連銘柄の強い成長が期待できます。

GX技術を開発する会社、GXに自ら取り組む会社、GXコンサルを行う会社など、GX関連銘柄に着目し、**GX投資**に挑戦してみましょう。

FIGURE 50 GX関連銘柄に資金が集まる流れ

「環境」が世界的トレンドに	・環境問題が深刻化 ・「パリ協定」や「SDGs」など環境関連の国際協定が締結される
各国が「GX」を国策に	・各国がカーボンニュートラルの目標を公表 ・国の威信をかけた目標実現のため、環境関連の国策を多数公表 ・GXも重要な国策の1つ
国策銘柄に資金が流入	・国策として国から補助を受け、新規技術開発や利益増大に期待が高まる ・利益や人気増大を見越した投資家が、国策関連銘柄に投資する
国策に売りなし	・国策関連銘柄に投資しておけば、国策が続く限り資金の流入が続く可能性が高い。 ・日本におけるカーボンニュートラルの目標は2050年のため、少なくとも2050年までは「GX」が国策となる

2050年まではGX関連銘柄の成長が期待できます。

GXを支える企業（再エネ）

再エネの導入拡大や技術開発は「GX実現に向けた基本方針」において主力の政策として推進されています。

1 再エネの専門家「レノバ」

東証プライム上場の**レノバ**は、再エネ施設の開発・運営を行う環境・エネルギー分野における先進企業の1つです。太陽光、風力、バイオマス、地熱、そして水力など、再エネ全般の開発・運営を行っており、中でも洋上風力の開発・運営スキルは着目に値します。

現在、日本政府は**再エネ海域利用法**を制定し、洋上風力発電の利用促進に向けて走り出しています。国の強い後押しによる技術開発・導入拡大が期待される中、千葉県のいすみ市沖や佐賀県の唐津市沖で洋上風力発電の開発を行っているレノバは、国策銘柄として最注目銘柄の1つと言えるでしょう。

2 太陽光の「ウエストHD」

東証スタンダード上場の**ウエストHD**は、太陽光発電所の建設・保守を行う会社です。2025年以降、東京都では新築住宅への太陽光発電設置が義務化されるなど、政府の後押しの下で太陽光発電の建設・保守需要はさらに拡大していくことが予測されます。太陽光パネル製造の観点では、**ロンジ**や**ジンコソーラー**など中国のメーカーが圧倒的なシェアを誇りますが、建設・保守の観点では国策の追い風に乗ったウエストHDの売上拡大に期待できます。

FIGURE 51 レノバの株価チャート

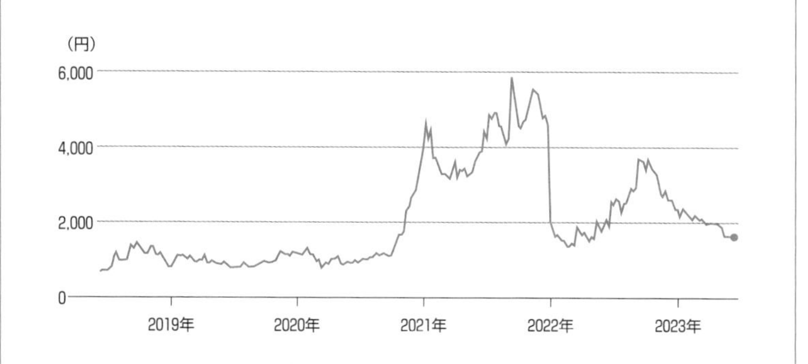

出典：Google, https://www.google.com/search?client=firefox-b-d&q=% E3%83% AC% E3%83%8E% E3%83%90% E3%80%80% E6% A0% AA% E4% BE% A1

FIGURE 52 ウエストHDの株価チャート

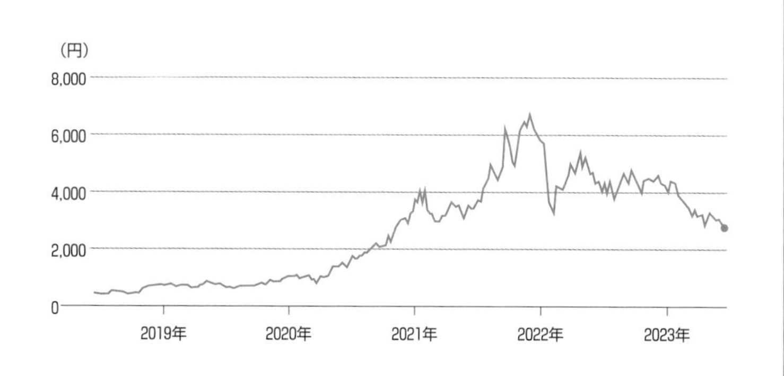

出典：Google, https://www.google.com/search?client=firefox-b-d&q=% E3%82% A6% E3% 82% A8% E3%82% B9% E3%83%88% E3%80%80% E6% A0% AA% E4% BE% A1

GXを支える企業（新技術・新エネルギー）

新技術の開発や新エネルギーの利用拡大は、産業構造に大きな変革をもたらします。

1 炭素を回収！「三菱重工」

化石エネルギーに依存する現代産業にとって、すべてを再生可能エネルギーで賄うのは容易ではありません。そこで、工場などから排出されるCO_2を回収して地中に埋め込むCCS（二酸化炭素回収・貯留）や、回収したCO_2を古い油田に注入し残った石油を回収すること等に利用するCCUS（二酸化炭素回収・貯留）が注目されています。

三菱重工は長年にわたり積み重ねた重工業の技術と世界に広がるネットワークを利用し、世界各地のプラントから排出されるCO_2を回収・輸送し、適切な箇所での利用を開始しています。化石エネルギーからの脱却が難しい企業にとって、三菱重工のCCS・CCUSの技術は救世主となるでしょう。

2 水素エネルギーの「岩谷産業」

経済産業省は、水素やアンモニアの利用はGXにおけるキーであるとしています。水素は燃焼させても水しか発生しません。再エネを利用して製造した水素は「グリーン水素」、CCSなどで炭素を回収して製造された水素は「ブルー水素」と呼ばれ、化石燃料の代替となるクリーンなエネルギーとして注目されています。

岩谷産業は、水素の先端企業として貯蔵・輸送技術の開発やサプライチェーンの整備を行っています。水素の利用はまだまだ黎明期にありますが、これからの伸びに期待です。

FIGURE 53 三菱重工の株価チャート

出典：Google, https://www.google.com/search?client=firefox-b-d&q=% E4% B8%89% E8% 8F% B1% E9%87%8D% E5% B7% A5% E3%80%80% E6% A0% AA% E4% BE% A1

FIGURE 54 岩谷産業の株価チャート

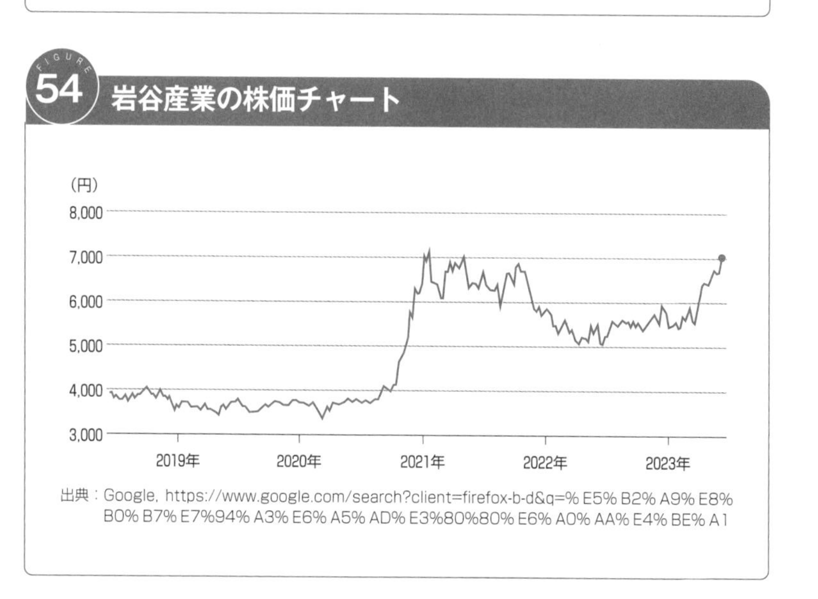

出典：Google, https://www.google.com/search?client=firefox-b-d&q=% E5% B2% A9% E8% B0% B7% E7%94% A3% E6% A5% AD% E3%80%80% E6% A0% AA% E4% BE% A1

GXを支える企業（省エネ）

「GX実現に向けた基本方針」において、省エネは第一に掲げられています。

1 断熱リフォームの「LIXILグループ」

住宅の断熱は、省エネの基本です。特に住宅の開口部となる窓からは、熱が絶えず流出入してしまいます。つまり、断熱がなされていない家は、夏は暑く冬は寒くなってしまいます。近年、電気代の高騰がよく話題となりますが、窓の断熱がしっかりしているかどうかだけでも、電気代やエネルギーの利用量は大きく変わってきます。

建築材料や住宅設備機器の業界最大手である**LIXILグループ**は、断熱にも力を入れています。断熱性能の高い新築住宅の建設はもちろんのこと、古い住宅の断熱性能を高める「断熱リフォーム」を推進しています。国からも様々な断熱リフォームの補助金が出されており、今後も継続的な需要が見込まれます。

2 物流業界の革命者「ラクスル」

印刷業界の効率化を成し遂げたことで有名な**ラクスル**ですが、物流業界の革新にも挑んでいます。通販需要の増加などのトレンドを受け、トラックドライバーの不足が深刻化する中、物流業界は、多重下請け構造や積載効率の悪さなど様々な課題を抱えていました。

そこでラクスルは「ハコベル」というサービスにて、荷主とドライバーを直接マッチングするプラットフォームを構築しました。

多重下請け構造をなくすことで、伝言ゲームをするだけのムダな仕事を省くと共に、積載効率の向上も実現しています。既得権益にメスを入れ、業界に革新を起こすラクスルには今後も注目です。

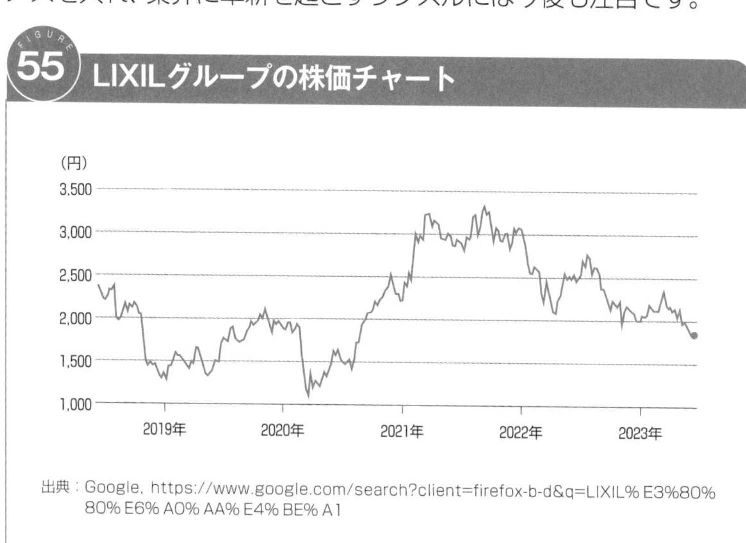

FIGURE 55 LIXILグループの株価チャート

出典：Google, https://www.google.com/search?client=firefox-b-d&q=LIXIL% E3%80%80% E6% A0% AA% E4% BE% A1

FIGURE 56 ラクスルの株価チャート

出典：Google, https://www.google.com/search?client=firefox-b-d&q=% E3%83% A9% E3% 82% AF% E3%82% B9% E3%83% AB% E3%80%80% E6% A0% AA% E4% BE% A1

GXを支える企業（xEV）

EV（電気自動車）やHEV（ハイブリッド電気自動車）、FCEV（燃料電池車）を総称し、「xEV」と呼びます。

1 株価が急騰！「テスラ」

世界で最もホットな人物の1人である**イーロン・マスク**率いる**テスラ**は、世界最大のEVメーカーです。環境関連への注目度の高まりも受け、2020年頃から株価はうなぎ上りとなりました。2023年6月時点では、世界第9位の時価総額を誇ります。

従来型のガソリン車とは異なり、EVは走行時にCO_2や大気汚染物質を排出しません。したがって、EUや日本においては、2035年以降の新車販売はEVやFCVなど非ガソリン車に限定される計画となっています。世界各国でEV化が進められる中、その最先端を行くテスラ、そしてイーロン・マスクの動向には注目です。

2 脱炭素戦略はEVだけでない「トヨタ」

日本最大の時価総額を誇る**トヨタ**も脱炭素に力を入れています。一方、EVではなくHEVに力を入れるなど、欧米の車メーカーとは異なる戦略を取っています。世界初の量産型HEVである**プリウス**もトヨタの車です。

ガソリン車製造における高い技術を持ち、強靭なサプライチェーンを構築しているトヨタは、既存技術を活かせるHEVの開発・導入拡大を目論んでいます。EV開発の面では欧米に遅れを取っているものの、HEVという異なる観点からの巻き返しに期待です。

FIGURE 57 テスラの株価チャート

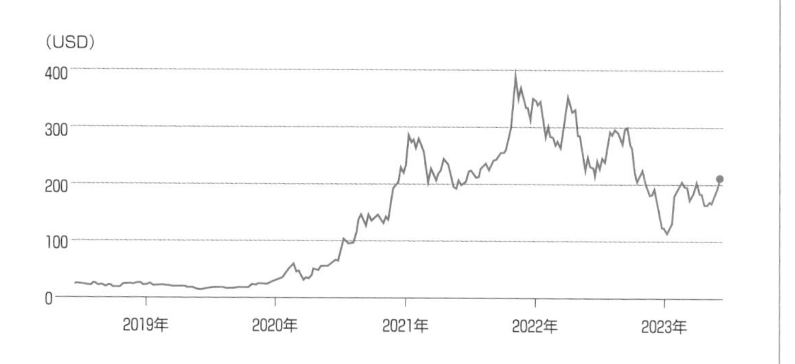

出典：Google, https://www.google.com/search?client=firefox-b-d&q=%E3%83%86%E3%82%B9%E3%83%A9%E3%80%80%E6%A0%AA%E4%BE%A1

FIGURE 58 トヨタの株価チャート

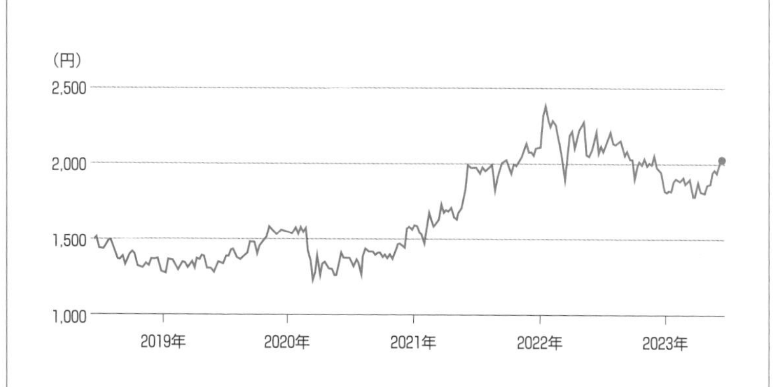

出典：Google, https://www.google.com/search?client=firefox-b-d&q=%E3%83%88%E3%83%A8%E3%82%BF%E3%80%80%E6%A0%AA%E4%BE%A1

GXを支える企業（原発）

ESGという観点では忌避される原発ですが、GXにおいては重要な戦略の1つです。

1 小型で安全な原発を開発「ニュースケール」

現在、小型の原子炉として**小型モジュール炉**（**SMR**）の開発が進められています。SMRは小型なため熱を逃がしやすく、突き詰めれば冷却水を使わずとも自然に冷える原発も実現可能であると言われています。

SMRの技術開発を行うアメリカの**ニュースケール**社は、2020年代末の運用開始に向け準備を進めています。日本からは日揮やIHIなども出資しており、商用運用開始に期待が高まっています。

低コストで安全性の高い小型原子炉が実用化されると、カーボンニュートラルだけでなく、エネルギーの安定供給の観点でも非常に重要な電源の1つとなるでしょう。

2 太陽と同じ核融合技術に貢献「浜松ホトニクス」

通常の原子力発電は核分裂のエネルギーを利用した発電方法ですが、現在は太陽と同じ仕組みである核融合発電の技術開発が進められています。

核融合反応はCO_2や大気汚染物質を放出せず、核分裂と比較して放射性物質の排出量も格段に小さいため、その開発が期待されています。現在、フランスにてITERと呼ばれる核融合炉の建設が進められており、日本もその技術開発に協力しています。

浜松ホトニクスは、核融合発電において核融合燃料に照射するパルスレーザーの開発を進めています。安全でクリーンな技術としての核融合技術に貢献する企業として欠かせない企業です。

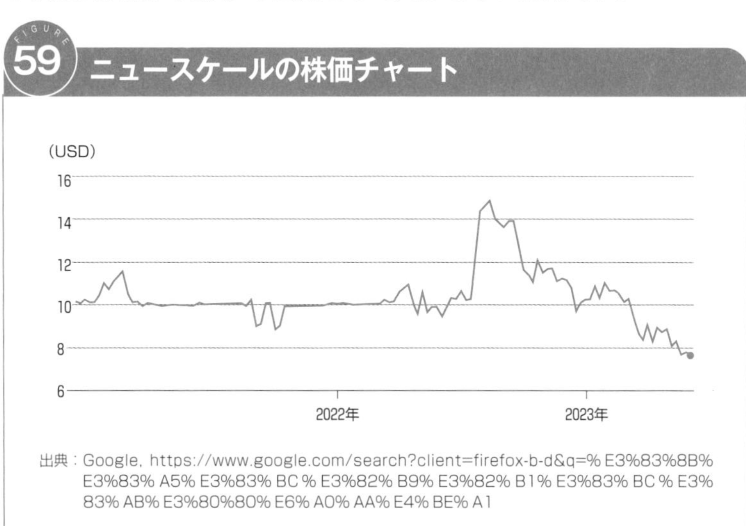

ニュースケールの株価チャート

出典：Google, https://www.google.com/search?client=firefox-b-d&q=% E3%83%8B% E3%83% A5% E3%83% BC % E3%82% B9% E3%82% B1% E3%83% BC % E3% 83% AB% E3%80%80% E6% A0% AA% E4% BE% A1

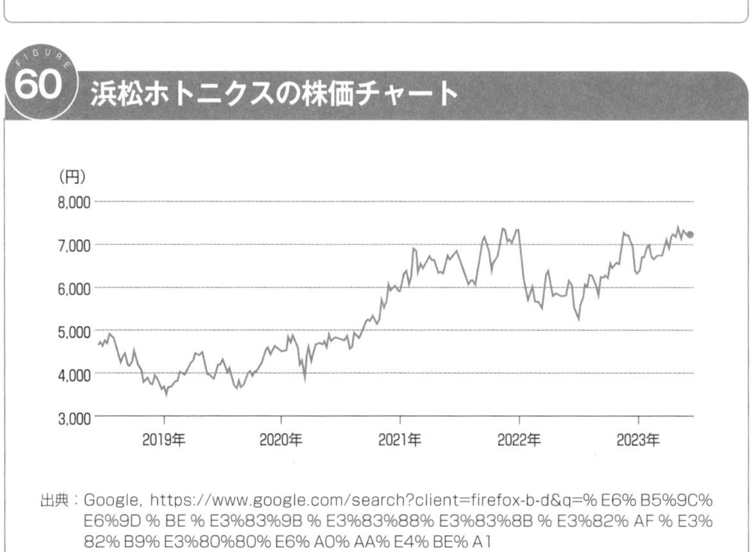

浜松ホトニクスの株価チャート

出典：Google, https://www.google.com/search?client=firefox-b-d&q=% E6% B5%9C% E6%9D % BE % E3%83%9B % E3%83%88% E3%83%8B % E3%82% AF % E3% 82% B9% E3%80%80% E6% A0% AA% E4% BE% A1

GX投資に役立つ指標

個人でのGX評価はハードルが高い場合もあります。大手評価機関の指標を積極的に活用しましょう。

1 評価機関・評価指標とは

投資において考慮すべき要素は数多くありますが、個人投資家にとって必要な要素をすべて考慮して投資を行うことはほぼ不可能です。そこで、専門家集団である**評価機関**が多様な観点からデータを集め、分析・評価した指標が役に立ちます。

世界中の様々な評価機関が特定のテーマに従って企業の評価を行い、その指標を公表していますが、ESGやサステナビリティも主要な評価テーマの1つです。次ページに主要な**GX関連指標**を挙げています。ほとんどの指標は無料で公開されているので、気になる指標や気になる企業があればぜひインターネットで調べてみてください。

2 GX投資に役立つ？

GX関連の指標に選ばれている企業は、専門家集団の綿密な分析によって選ばれた企業です。したがって、GXに大きく貢献している企業であることが期待できます。評価機関によって評価手法が少しずつ異なるので、すべての指標で選択されている企業は少ないかもしれませんが、複数の指標に採択されていれば、信頼度は上がります。

GX関連指標に採択されると、投資家や消費者からのイメージアップに繋がり資金が集まります。そこで各企業は、こぞって指標に選ばれようとGXに取り組むという好循環が生まれます。

GX関連指標に選ばれている企業に投資をするだけで、GX投資を行うことができ、企業へGXを促すことにも繋がります。皆さんもぜひGX関連指標を眺め、GX投資を始めてみましょう！

FIGURE 61 GX関連指標

GX関連指標	概要
GX500 (Nikkei)	日経新聞が選定する、GX時代の優良企業をランク付けした指標であり、GXに特化した唯一の指標。
Dow Jones Sustainability World Index (DJSI)	米国のダウ・ジョーンズ社が選定する、世界的に有名なESG指標。世界中のサステナブルな企業が選定される。
MSCIジャパンESGセレクト・リーダーズ指数	米国の金融サービスを提供するMSCIが選定するESG指標。各業種ごとにESG評価の高い企業が選定される。
FTSE Blossom Japan Index	英国の金融サービス企業であるFTSE社が選定するESG指標。ESGの絶対評価が高い銘柄がスクリーニングされ、選定される。
CDP	イギリスのNPOによる、気候変動、森林減少・コモディティなどに関する情報開示基盤。
ESG Book	ドイツのサステナブル金融企業であるアラベスクが提供する、AIとの融合を掲げる指標。
Sustainalytics	世界有数の投資調査企業である米国モーニングスター社が提供するESGレーティング指標。
SX銘柄	経済産業省と東京証券取引所が2024年春頃に創設予定の、サステナビリティ・トランスフォーメーション (SX) に貢献している企業が採択される指標。

規制・支援一体型投資促進策の例

日本政府の規制・支援一体型投資促進策について、経済産業省の資料をご紹介します。

●日本政府が主体となり、官民共同で規制・制度と支援との一体型の投資促進策を実施していく分野、および各分野における規制や制度の具体的な例は以下の通り。

●こうした規制を通じて新たな技術の需要創出等に貢献し、当該分野の成長を後押しする。

対象物	10年間のGX投資額（官･民）	規制・支援一体型投資促進策の例
①水素・アンモニア	約7兆円～	**値差・拠点制度による支援、高度化法による導入促進** ・商用化に向けて大規模かつ強靭なサプライチェーンを構築するために、既存燃料との値差や産業集積を促す拠点整備を支援するような制度を導入。 ・水素・アンモニア需要を創出するため、改正省エネ法で新たに制度化される「非化石転換目標」により水素・アンモニア等の活用を促しつつ、高度化法による規制的な措置により、発電における水素等の利用を促進。
②定置用蓄電池	約3兆円～	**省エネ法での電気需要最適化、FIT/FIP制度の見直し** ・再エネの導入や電力システムの柔軟性の向上のために、蓄電池の安全性等の国内・国際標準の形成を図るとともに、需要家側に対して改正省エネ法により電気需要最適化を促しつつ、定置用蓄電池の導入を支援することで国内外市場での普及を図る。 ・蓄電池が活用できる電力市場の整備・拡大を図る。 ・FIP移行時の再エネに対する蓄電池の事後的な設置による現行の基準価格変更ルールを見直し、蓄電池設置の促進。
③製造業の構造転換（燃料・原料転換）	約8兆円～ ※投資額は、例として鉄鋼業・化学業・セメント業・製紙業・自動車製造業	**省エネ法での非化石目標設定、支援対象の選択・集中** ・改正省エネ法で新たに制度化される「非化石エネルギー転換目標」等により燃料・原料転換を促しつつ、化石資源からの離脱に向けた取組を成長の原動力とする製造業の構造転換や燃料転換投資等を実施できる業界・プレーヤーに対し、集中して支援。 （例）水素還元製鉄等の革新的技術の開発・導入、高炉から電炉への生産体制の転換、CO_2由来化学品製造やアンモニア燃焼型ナフサクラッカーによる炭素循環型生産体制への転換など。

対象物	10年間のGX投資額（官･民）	規制・支援一体型投資促進策の例
④資源循環関係	約2兆円～	**資源循環に関する情報開示措置、循環度の測定** •成長志向型の資源自律経済の確立に向けて、資源循環市場の創出を支援する制度を導入。 •ライフサイクル全体での資源循環を促進するために、資源循環に資する設備導入支援や循環度の測定、情報開示等を促す措置にも取り組む。
⑤住宅・建築物	約14兆円～	**建築物省エネ法の対象範囲拡大、建材TRの基準強化** •2025年度までに住宅を含む全ての新築建築物に対する省エネ基準への適合を義務化する。 •2050年にストック平均でZEH・ZEB水準の省エネ性能の確保に向けて、省エネ性能の高い住宅・建築物の新築や省エネ改修に対する支援を拡大・強化する。合わせて、今後、建材トップランナーの2030年度目標値の早期改定を目指す。
⑥次世代自動車関連	約14兆円～	**省エネ法のトップランナー制度での規制** •省エネ法トップランナー制度に基づく2030年度の野心的な燃費・電費基準及びその遵守に向けた執行強化により、電動車の開発、性能向上を促しながら、車両の導入を支援するとともに、充電・充填設備、車両からの給電設備などの整備についても支援する。
⑦商用車のFCV・BEV化	約3兆円～	**省エネ法での非化石エネルギー転換計画の作成義務化** •輸送事業者や荷主に対して改正省エネ法で新たに制度化される「非化石エネルギー転換目標」を踏まえた中長期計画作成義務化に伴い、FCVやBEVの野心的な導入目標を策定した事業者等に対して、車両の導入費等の重点的な支援を検討。
⑧次世代航空機（航空機産業）	約4兆円～	**改正航空法に基づく基本方針の策** •国連機関における2050年ネットゼロ排出目標の合意の基、目標を実現するためのCO_2削減義務に係る枠組を含む具体的対策の検討を引き続き主導するとともに、今般改正された航空法に基づく航空脱炭素化推進基本方針の策定等を通じて、SAFの活用促進及び新技術を搭載した航空機の国内外需要を創出。
⑨ゼロエミッション船舶（海事産業）	約3兆円～	**国際的ルール形成の主導** •国際海運2050年カーボンニュートラルの実現等に向けて、ゼロエミッション船等の普及に必要な支援制度を導入。 •カーボンニュートラルの実現に向け経済的手法及び規制的手法の両面から国際ルール作り等を主導し、ゼロエミッション船等の普及促進をはじめ海事産業の国際競争力強化を推進。

対象物	10年間のGX投資額（官･民）	規制・支援一体型投資促進策の例
⑩脱炭素目的のデジタル投資	約12兆円～	**省エネ法による規制、企業の継続投資の引き出し** •デジタル化や電化等の対応に不可欠な省エネ性能の高い半導体や光電融合技術等の開発・投資促進に向けた支援の検討を進める。 •情報処理の基盤であるデータセンターについては、今後、省エネ法のベンチマーク制度の対象の拡充等により、省エネ効率の高い情報処理環境の拡大を目指す。 •半導体については、継続的な生産や研究成果の社会実装を企業にコミットさせることで、GXを実現するための成長投資を確実に行っていく
⑪バイオものづくり	約3兆円～	**バイオ製品の調達要件化、認証･クレジット制度の整備** •初期需要創出のため、たとえば公共調達において、より広範にバイオ製品を利用するよう位置づける、あるいは、農業などの異業種展開による市場の拡大を図る。 •CO_2原料を認証又はクレジット化等することにより、価格に適切に反映、また製造プロセス評価や再利用・回収スキームの確立など各種取組によって、バイオ製品利用にインセンティブを付与する。
⑫CO_2削減コンクリ	約1兆円～	**需要喚起策の実施、CO_2評価方法の確立** •市場拡大に向けて、CO_2を削減する効果のあるコンクリート製造設備等に対して導入支援の実施や需要喚起策の検討を進める。 •製造時のコンクリート内CO_2量の評価手法を確立するとともに、全国で現場導入が可能な技術から国の直轄工事等において試行的適用を進め、今後技術基準等に反映しながら現場実装に繋げる。
⑬CCS	約4兆円～	**CCS事業法の整備** •2030年までのCCS事業開始に向けた事業環境を整備するため、模範となる先進性のあるプロジェクトの開発及び操業を支援するとともに、早急にCCS事業法（仮称）を整備する。

※投資額については暫定値であり、それぞれ一定の仮定を置いて機械的に算出したもの、今後変わる可能性がある点に留意、PJの進捗等により増減もありうる。

GX投資の始め方

GX投資はごく簡単で、スマホでも始められます。ぜひ実践してみてください。

1 ステップ1：証券口座の開設

まずは、投資を行うための証券口座を開設しましょう。大手の証券口座であれば、見た目や多少の手数料の違いはあれど、大きくは変わりません。**楽天証券**や**SBI証券**など、いくつかHPを覗いてみて、気に入った証券会社の口座を開いてみましょう。

2 ステップ2：GX銘柄を選定する

証券口座の開設が完了し、投資の準備ができたら、GX銘柄を探してみましょう。一番簡単なのは、各金融機関が運用する投資信託（投信）で、ESGや環境をテーマにしたものを選ぶことです。金融機関のプロが銘柄を選定し、独自に運用してくれるので、初心者でも簡単にGX投資に挑戦できます。

個別の株式でGX投資を行いたい場合は、各企業のHPを確認しESGの観点で評価を行ってみたり、GXやESG、サステナビリティ関連の銘柄として、評価機関に選定されている銘柄を選定するとよいでしょう。

2 ステップ3：実際に投資を行う

銘柄を選定したら、実際に投資をしてみましょう。投資経験が浅い場合は、まずは小額からはじめ、徐々に投資金額を大きくしていくと良いでしょう。GXやサステナビリティは長期的な目線で評価を行うものです。短期の損益にとらわれず、GX投資も長い目で考えて行いましょう。

GX投資の始め方

Step1 **証券口座の開設**	**●証券口座を開設しよう！** ・手数料の安い、楽天やSBIなどのネット証券がオススメ。 ・口座の開設は無料なので、今すぐ始めてみましょう！
Step2 **GX銘柄の選定**	**●GX銘柄を探そう！** ・GXやESG関連の投信を選ぶのが初心者にはオススメ。プロが選定・運用してくれます。 ・慣れてきたら、本書に記載のGX指標などを参考に、個別銘柄を探してみましょう！
Step3 **GX投資の実践**	**●実際にGX投資に挑戦！** ・慣れるまでは少額で行いましょう。 ・GXは長期的な目線で行うもの。短期的な利益や損失に惑わされないように！

実際に投資を始めると、時事問題やエネルギー政策、そして環境問題に対するアンテナが強まり、自発的に情報を収集するようになれます。

Column

あなたの会社でもGXを始めてみませんか?

今後、企業が生き残るためには、環境へ配慮しつつ利益も出し続けることが必要不可欠です。そうでなければ、消費者や投資家から見放されてしまいます。したがって、会社の規模や業界を問わず、すぐにでもGXの取り組みを始めていく必要があります。

ただし、何からどのように始めるべきかわからず、GXに興味はあるが手を付けられていないという会社も多いです。GXのカバー範囲は広く、具体的な項目が定義されているわけではないため、手の届かない難しいものとして捉えられてしまっている側面もあります。

目の前のできることから積み上げても、大きな効果は出ません。一方、いきなり大きな目標を立てても、それを実現するのは容易ではありません。「実現可能性」×「効果」の2軸で、少し背伸びするくらいの目標を立て、そこから逆算して計画を立てるのが良いでしょう。

目標を立てるにあたり、あるいは目標を実現するための施策を立案するにあたり、他社事例を参考とするのがよいでしょう。本書でも一部紹介しておりますが、GXの取り組みを始めている会社も増えてきています。他社が公表しているIRから情報を集めたり、異業種交流会などで担当者と直接情報交換をするのもオススメです。日本政府の推進しているGXリーグでも、交流・協業の場が設けられているようです。

はじめの一歩を踏み出すのは難しいものですが、歩み始めると意外とすんなり進めます。本書をきっかけに、あなたの会社でもGXを始めてみませんか?

何か困りごとや疑問点があれば、本書記載の連絡先までぜひご連絡ください。

おわりに

この21世紀において、「環境を守る必要がある」という意見には多くの人が賛同するでしょう。しかしその一方で、「もっと豊かになりたい」「経済を発展させたい」と思う人も多いです。つまり、「環境を守りつつ、もっと豊かになりたい」といったより高次元の欲望があると言えます。これを世間は、GXの名の元に推進しようとしています。

人間、特に資本主義にどっぷり浸かった人間というのは、わがままであり、欲張りなものなのです。そのわがままさがこの世界を発展させてきました。「必要は発明の母」であり、「好きこそものの上手なれ」なのです。ミレニアル世代あるいはZ世代として生きてきた私も、物欲こそあまりないですが、「あれもやりたい、これもやりたい」と欲張りに生きています。

私はどちらかといえば都市部で暮らしながらも、小学生の頃は授業や課外活動で虫取りやバードウォッチングを楽しめる環境で育ちながら、環境教育を受けてきました。ゆとり教育の代名詞「総合的な学習」の時間のおかげです。

小さい頃に受けた教育はその後の人生に及ぼす影響も大きいです。大学の学部は商学部だったものの、環境保護などのテーマに関心を持ち続けました。関連する授業を履修したり、イオン環境財団さんのプログラムに参加し、ベトナムや北海道で生物多様性などをテーマにフィールドワークを行ってきました。(なお、共著者の関とは、そのベトナムのプログラムで出会いました。) そして今では、早稲田大学環境総合研究センターの招聘研究員として、環境教育を提供する側として活動しています。

私よりも若い世代を見ていて思うのは、彼らの方が「環境を守る」ということを特別視していない傾向にあるということです。彼らにとって、「環境を守る」というのはもはや当たり前すぎて、特別なことではないように思います。これもSDGsをはじめとする国際的な潮流や、小中学校などでの環境教育の賜物でしょう。

DX（デジタル・トランスフォーメーション）がビジネスの世界でもはや当たり前すぎる概念となったように、GXも当たり前すぎると思われるくらい、日本で広まっていけば良いなと思います。本書が微力ながらそのGX推進の一端を担えましたら幸いです。

松村雄太

GX関連のテクノロジートレンドなどに関するお役立ち情報や、早稲田大学環境総合研究センター 招聘研究員としての取り組みなどを日々無料メルマガで配信しています。ご興味あればご覧ください！

また、ご感想、お問い合わせは公式LINEまたはメールでいただけますと幸いです。

■公式メルマガ

URL：https://tr2wr.com/lp

■公式LINE（ご感想・お問い合わせをお待ちしております！）

URL：https://lin.ee/WPBREwF

（あるいは ID：@927wtjwr より）

■LINEが使いづらい時は下記のメールへ

investor.y11a@gmail.com

用語解説

あ行

●アウトサイド・イン

顧客や市場のさらに先にある「社会にあるニーズ」、つまり社会課題を起点とした外部者視点。内部者視点をインサイド・アウトという。

●アウトサイド・イン・アプローチ

将来のありたい姿や何が必要かを企業の外部者視点（アウトサイド・イン）から検討し、目標を設定する方法。

●イノベーション

開発などの活動を通じて、利用可能なリソースや価値を効果的に組み合わせることで、これまでにない（あるいは従来より大きく改善された）製品・サービスなどの価値を創出・提供し、グローバルに生活様式あるいは産業構造に変化をもたらすこと。

●インパクト加重会計

従来の財務諸表では表現されていなかった社会的インパクトを会計上に織り込む考え方。

●インパクト投資

財務的リターンと並行し社会や環境へのインパクトを目的とする投資。

●ウェルビーイング

「よく在る」ことを意味する概念で、「人間本来の健康的な豊かさ」とも表現される。非常に多次元的な概念であり、単に個人の状態を示すものではなく、これからの時代の一人一人の目的とは何なのか、それを支える国家・企業・地域、そして、社会・経済・環境はどうあるべきなのかを考える軸とされている。

●エコシステム

ある領域（地域や空間など）の生き物や植物が、互いに依存しつつ生態系を維持する関係のこと。ビジネス分野では世界中の様々な企業が連携・協業しながら共存・共栄していくために、お互いの収益に貢献しあえる仕組みを意味する。

●エシカル消費

地域の活性化や雇用などを含む、人・社会・地域・環境に配慮した消費行動。商品やサービスの裏に隠されたストーリーを重視し、私たち1人ひとりが、社会的な課題に気付き、日々の消費を通して、その課題の解決のために、自分にできることを実践したいという意識から生まれた言葉。

●エネルギーソリューション

再生可能エネルギーを普及させてカーボンニュートラルな社会を実現するための様々な事業やシステムの総称。

●オーバーツーリズム

観光地に過度な観光客が押し寄せることで渋滞が起きたり、街にゴミが散乱するなどのマナー違反が相次いだりと、観光が地域の生活に負の影響を及ぼす現象。

か行

●カーボンネガティブ

企業や活動が二酸化炭素の吸収量が排出量を上回る状態を指す。持続可能なビジネスへの転換により、地球温暖化への寄与を目指す取り組みが行われている。

●カーボンニュートラル

温室効果ガスの排出量と吸収量を均衡させること。2020年10月、政府は2050年までに温室効果ガスの排出を全体としてゼロにする、カーボンニュートラルを目指すことを宣言した。「排出を全体としてゼロ」というのは、二酸化炭素をはじめとする温室効果ガスの「排出量」から、植林、森林管理などによる「吸収量」を差し引いて、合計を実質的にゼロにすることを意味している。

●カーボンプライシング

温室効果ガス排出に対して価格を設定する政策手法。排出量を削減する経済的なインセンティブを生み出し、経済活動に対する環境への負荷を軽減する。企業にとっては、CO_2排出に対する経済的な影響を把握するとともに、低炭素化への取り組みが求められる。

●環境パフォーマンス指数（EPI）

国や地域の環境保全の実績を数値化した指標。CO_2排出量や水質汚染などの環境指標を基に評価され、環境問題への対応を評価する際に利用される。

●企業版ふるさと納税

正式名称を「地方創生応援税制」といい、企業が地域再生法の認定地方公共団体が実施する「まち・ひと・しごと創生寄附活用事業」に対して寄附を行った場合に、税制上の優遇措置を受けられる仕組み。

●キャズム理論

新しい製品、サービスを採用するタイミングが早い順に消費者を次の5つのタイプに分類。アーリーマジョリティーからラガード（全体の84%）までは「メインストリーム市場」と呼ばれ、これら2つの市場の間には深い溝（キャズム）があるとされる考え。各タイプは以下の通り。

イノベーター（Innovators）：新しいものを進んで採用するグループ。周囲の評判を気にせずに取り組む傾向にあり、全体の2.5%を構成する。

アーリーアダプター（Early Adopters）：早い段階でイノベーターの可能性を評価し、自ら情報収集を行い判断するグループ。オピニオンリーダーとしてマジョリティに影響を与える存在になり得る。全体の13.5%を構成する。

アーリーマジョリティ（Early Majority）：新しいものの採用には慎重で、イノベーター、アーリーアダプターの行動を受けて動き出す初期の追随多数者。ブリッジピープルとも呼ばれ、全体の34.0%を構成する。

レイトマジョリティ（Late Majority）：新しい動きには懐疑的で、周囲の大多数の動向を見てから同じ選択をする後期の追随多数者。フォロワーズとも呼ばれ、全体の34.0%を構成する。

ラガード（Laggards）：変化を好まない保守的な伝統主義者から構成される遅滞層。流行が一般化するまで採用しないか、あるいは最後まで採用しない人々。全体の16.0%を構成する。

●グリーンイノベーション基金

2050年カーボンニュートラル目標に向けて制定された、約2兆円の基金。「経済と環境の好循環」を作っていく産業政策であるグリーン成長戦略において実行計画を策定している重点分野のうち、特に政策効果が大きく、社会実装までを見据えて長期間の取組が必要な領域にて、具体的な目標とその達成に向けた取り組みへのコミットメントを示す企業等を対象として、10年間、研究開発・実証から社会実装までを継続して支援する。

●グリーン水素

再生可能エネルギーを利用して水を電気分解し、生成される水素のことを指す。環境に優しい水素製造方法として注目され、エネルギーキャリアとしての有用性が期待されている。

●グリーンボンド(環境債)

環境に配慮したプロジェクトへの資金調達を目的とした債券である。再生可能エネルギーの導入やエネルギー効率向上などの環境への貢献が証明されたプロジェクトに資金を提供する手段として利用される。

●グリーンボンド原則

グリーンボンドの発行と運用に関する国際的なガイドラインである。グリーンボンドは、環境に配慮したプロジェクトへの資金調達に使用される債券である。原則に則った適切な情報開示と資金の使途透明性が求められる。

●経済合理性曲線

社会にある問題を「普遍性」と「難易度」の2軸で分類し、問題解決にかかる費用と問題解決で得られる利益が均衡する限界ライン。

●国際資本市場協会(ICMA)

国際的な資本市場の活性化や規制の向上を目指す非営利組織である。環境配慮型の金融商品やグリーンボンドの普及を支援し、持続可能なファイナンスの発展に貢献している。

●コモディティ(Commodity)

金属、エネルギー、農産物などの自然資源や商品を指す。世界中で取引され、価格は市場の需給や経済の動向によって変動する。特にエネルギーコモディティは環境問題と密接に関連し、再生可能エネルギーの普及による価格変動が経済に影響を及ぼす可能性がある。

●コレクティブ・インパクト

パートナリング強化の潮流として立場の異なる組織(行政機関、民間企業、NPO法人、財団など)が、組織の壁を越えてお互いの強みを出し合い、社会課題の解決を目指すアプローチ。コレクティブ・インパクトに必要な5要素は以下の通り。

1. **共通のアジェンダ**…すべての参加者がビジョンを共有していること。
2. **評価システムの共有**…取り組み全体と主体個々の取り組みを評価するシステムを共有していること。
3. **活動をお互いに補強しあう**…各自強

みを生かすことで、活動を補完し合い、連動できていること。
4. **継続的なコミュニケーション**…常に継続的なコミュニケーションを行えていること。
5. **活動を支える組織**…活動全体をサポートする専任のチームがあること。

さ行

●サーキュラーエコノミー

資源のロスを最小限に抑え、廃棄物をリサイクルし再利用する経済モデルである。製品の寿命を延ばし、資源の有効活用を促進することで、環境に優しい経済を目指す。

●サーキュラーファッション

耐久性があり、責任を持って循環するようにデザインされた衣服や靴、アクセサリーのこと。「循環型ファッション」とも呼ばれる。製品の素材と製造生産、販売までを慎重に検討し、製品を最後まで使用し、さらに別のものに再利用することの価値が強調される。

●サステナビリティ

英語の"sustainability"の日本語表記で「持続可能な」、つまり「ずっと保ち続けることができる」の意味であり、経済的、社会的、環境的にバランスの取れた社会の実現を目指す考え方や概念。

●サステナブルツーリズム

訪問客、産業、環境、受け入れ地域の需要に適合しつつ、現在と未来の環境、社会文化、経済への影響に十分配慮した観光。

●サプライチェーン

製品の原材料・部品の調達から、製造、在庫管理、配送、販売、消費までの全体の一連の流れのこと。日本語では「供給連鎖」といわれている。

●三方よし

売り手、買い手、世間、三方向すべてが満足する商売のこと。現在の滋賀県にあたる近江に本店を置き、江戸時代から明治時代にわたって日本各地で活躍していた近江商人が大切にしていた考え。

●サプライチェーン排出量

事業者自らの排出だけでなく、事業活動に関係するあらゆる排出を合計した排出量を指す。つまり、原材料調達・製造・物流・販売・廃棄など、一連の流れ全体から発生する温室効果ガス排出量のこと。サプライチェーン排出量＝Scope1排出量＋Scope2排出量＋Scope3排出量で算出する。

- **Scope1**：事業者自らによる温室効果ガスの直接排出（燃料の燃焼、工業プロセス）。
- **Scope2**：他社から供給された電気、熱・蒸気の使用に伴う間接排出。
- **Scope3**：Scope1、Scope2以外の間接排出（事業者の活動に関連する他社の排出）。

●ジェンダーフリー教育

「男性だから」とか「女性だから」といった固定観念を生まない教育。

●自治体SDGsモデル事業

SDGsの理念に沿った経済・社会・環境の三側面の統合的取り組みによる

相乗効果、新しい価値の創出を通して持続可能な開発を実現するポテンシャルが高い取り組みであり、多様なステークホルダーとの連携を通し、地域における自律的好循環が見込める、特に先導的な事業。

●ジャスト・トランジション

環境への配慮をしながら社会的な公正を実現することを目指す概念である。持続可能な経済社会への転換による影響を受ける労働者や地域を支援し、社会的な格差を是正する。

●シュバルツバルト（黒い森）

ドイツ南西部に位置する、モミやマツといった針葉樹からなる森林地帯。1970年代、大気汚染や酸性雨による大規模な立ち枯れが発生し、ドイツが環境立国へと舵を切るきっかけともなった。

●ジャパンSDGsアワード

企業や団体などにおけるSDGsの取り組みを後押しする観点から、外務省が主催となりSDGs達成に資する優れた取り組みを行っている企業・団体などをSDGs推進本部として表彰するもので、NGO・NPO、有識者、民間セクター、国際機関などの広範な関係者が集まるSDGs推進円卓会議構成員から成る選考委員会の意見を踏まえて決定される。2017年以降、全6回の表彰が行われた（2023年7月時点）。

●従業員エンゲージメント

企業に対する従業員の思いや態度を表す言葉。

●女性活躍推進法

女性の職業生活における活躍の推進に関する法律。2015年8月28日に国会で成立。働く場面で活躍したいという希望を持つすべての女性が、その個性と能力を十分に発揮できる社会を実現するために、女性の活躍推進に向けた数値目標を盛り込んだ行動計画の策定・公表や、女性の職業生活における活躍に関する情報の公表が事業主（国や地方公共団体、民間企業など）に義務付けられた。改正女性活躍推進法では、一般事業主行動計画の策定が、常時雇用する労働者が301人以上の企業に義務付けられた。2022年4月1日から、101人以上300人以下の企業にも 策定・届出と情報公表が義務化された。

●新エネルギー利用等の促進に関する特別措置法（新エネ法）

日本政府が再生可能エネルギーの普及と利用拡大を促進するために制定した法律である。再生可能エネルギーの導入促進や環境への配慮を反映したエネルギー政策の推進が盛り込まれている。通称「新エネ法」。

●振興基準

下請事業者および親事業者のよるべき一般的な基準として下請中小企業振興法第3条第1項の規定に基づき定められ、振興基準に定める具体的な事項について、主務大臣（下請事業者、親事業者の事業を所管する大臣）が、必要に応じて下請事業者および親事業者に対して指導、助言を行うもの。

1971年3月12日に策定・公表され、その後の経済情勢の変化などを踏まえ、数回改正されている。2022年7月29日、更なる下請中小企業の振興を目的に、価格交渉や価格転嫁しやすい取引環境整備や下請Gメンが把握した問題事例への対応に関する事項などについて改正された。

●ステークホルダー

企業・行政・NPOなどの利害と行動に直接・間接的な利害関係を有する者を指す。日本語では利害関係者という。具体的には、消費者（顧客）、従業員、株主、債権者、仕入先、得意先、地域社会、行政機関など。

●生分解性プラスチック

使用するときには従来のプラスチック同様の性状と機能を維持しつつ、使用後は自然界の微生物などの働きによって生分解され、最終的には水と二酸化炭素に完全に分解されるプラスチック。

●世界経済フォーラム

ダボス会議を主催する国際的な非営利団体のこと。世界のリーダーが持続可能な経済成長や社会課題について意見交換し、グローバルな問題に対する解決策を模索する。

●セクショナリズム

自分が属している組織全体の利益・効率を無視し、自分が保持する権利や利益だけにこだわり、他の集団に関して、非協力的で排他的な態度をとる状態のネガティブな思考。sectional「部分的、局部的」とism「主義」が組み合わさりできた言葉。

た行

●ダイバーシティ

「多様性」の意味を持つ言葉。具体的には、人種、性別、年齢、宗教、趣味、嗜好など、多様な人材が集まっている状態を指す。

●ダイバーシティ経営

多様な人材を活かし、その能力が最大限発揮できる機会を提供することで、イノベーションを生み出し、価値創造に繋げている経営。「多様な人材」とは、性別、年齢、人種や国籍、障がいの有無、性的指向、宗教・信条、価値観などの多様性だけでなく、キャリアや経験、働き方などの多様性も含む。「能力」には、多様な人材それぞれの持つ潜在的な能力や特性なども含む。「イノベーションを生み出し、価値創造に繋げている経営」とは、組織内の個々の人材がその特性を活かし、生き生きと働くことのできる環境を整えることによって、自由な発想が生まれ、生産性を向上し、自社の競争力強化に繋がる、といった一連の流れを生み出しうる経営のこと。

●ダイベストメント（Divestment）

石油・ガスや石炭などの化石燃料産業からの投資撤退を指す。気候変動への対応として、環境配慮型の投資へのシフトが進む。投資家や企業が環境負荷の高い産業から撤退し、持続可能な事業への資金を振り向ける動きが広がっている。

●ダボス会議

世界経済フォーラムが毎年スイスのダボスにて開催する世界的な経済会議のこと。世界各国の政府首脳や企業トップが集まり、世界経済や社会課題について議論し、ビジョンを共有する。

●男女共同参画社会

男女が、社会の対等な構成員として、自らの意思によって社会のあらゆる分野における活動に参画する機会が確保され、男女が均等に政治的、経済的、社会的及び文化的利益を享受することができ、かつ、共に責任を担うべき社会。

●地域経済エコシステム

ある地域において、企業、金融機関、地方自治体、政府機関などの各主体が、それぞれの役割を果たしつつ、相互補完関係を構築するとともに、地域外の経済主体などとも密接な関係を持ちながら、多面的に連携・共創してゆく関係。

●地域循環共生圏

地域資源を活用して環境・経済・社会を良くしていく事業(ローカルSDGs事業)を生み出し続けることで地域課題を解決し続け、自立した地域をつくると共に、地域の個性を活かして地域同士が支え合うネットワークを形成する「自立・分散型社会」を示す考え方。

●地方創生

東京への人口集中による地方の人口減少を是正し、日本の活力向上を目指す一連の政策。2014年の総理大臣記者会見で発表された。

●地方創生SDGs官民連携プラットフォーム

地方創生SDGsの推進に当たって、官と民が連携して取り組むことが重要との観点から、地域経済に新たな付加価値を生み出す企業・専門性をもったNGO・NPO・大学・研究機関など、広範なステークホルダー間とのパートナーシップを深める官民連携の場として、2018年8月31日に設置されたもの。

●地方創生SDGs金融

地域におけるSDGsの達成や地域課題の解決に取り組む地域事業者を金融面(投融資だけでなくコンサルティングなどの非金融サービスなども含む)から支援することによって、地域における資金の還流と再投資(「自律的好循環」の形成)を促進する施策。

●ディーセントワーク

働きがいのある人間らしい仕事であり、生きがいを持って安心して働ける環境づくりという意味が込められている言葉。

●統合報告書

財務情報(売り上げや利益、資産など)と非財務情報(企業理念、ビジョン、ビジネスモデル、技術、ブランド、人材、ガバナンス、CSR、SDGsなどの取り組み)を統合し、投資家や世間に向けてアピールするための資料。

●トランスフォーメーション

変革、変化という意味。デジタル・トランスフォーメーション(DX)を始めとした言葉と共に使われ、人々の暮らしをより良いものへと変革することという意味で用いられる。

●トレード・オン

何かを得るために何かを犠牲にする「トレード・オフ（二律背反）」とは対照的に、どちらも両立していくという考え方。環境と経済は、従来トレード・オフの関係だと考えられてきたが、これからはトレード・オンの関係にしていく必要がある。

な行

●燃料電池車
（FCV：Fuel Cell Vehicle）

燃料電池を利用し、水素と酸素を反応させて電気を生み出すことでモーターを回して走る自動車。水素ステーションで水素を補給して走る。走行時に水しか発生させないため、クリーンな自動車であるとされる。

●熱帯低気圧

熱帯地方で発生する巨大な気象現象であり、日本では台風として知られている。発生地域によって、サイクロン、ハリケーンなどとも呼ばれる。強風や豪雨などを伴い、気候変動による影響を受ける可能性が高い自然災害であり、熱帯低気圧の接近や発生に備え、災害対策を含めたリスクマネジメントが重要となる。

は行

●パートナーシップ宣言

企業規模の大小に関わらず、発注者の立場で自社の取引方針を宣言するもの。より多くの企業が宣言することで、サプライチェーン全体での付加価値向上の取り組みや、規模・系列などを越えたオープンイノベーションなどの新たな連携を促進する。

●パーパス経営

企業の存在意義を明確にし、社会に貢献する経営を実践すること。

●働き方改革

働く人々がそれぞれの事情に応じた多様な働き方を選択できる社会を実現すること。

●働き方改革関連法

日本が直面している「少子高齢化による労働人口の減少」「長時間労働の慢性化」「正規雇用労働者と非正規雇用労働者の賃金格差」「有給取得率の低迷」「育児や介護との両立など、働く人のニーズの多様化（共働きの増加・高齢化による介護の必要性の増加など）」「企業におけるダイバーシティの実現の必要性」などの問題への対策の一環として、ワークライフバランス実現のための長時間労働の抑制、雇用形態に関わらない公正な待遇の確保（非正規雇用労働者の保護）、などを目的として関連法（労働基準法、労働安全衛生法、労働契約法、労働者派遣法など）を改正したもの。2019年4月1日から順次施行。

●バックキャスティング

現在とかけ離れた目標を掲げ、それを達成するために必要な施策を検討すること。反対語はフォアキャスティング。

●パリ協定

気候変動に対する国際的な枠組みとして採択された合意のこと。地球の平均気温上昇を2℃未満に抑えるための具体的な目標が設定されており、世界の国々が共同して持続可能な未来を目指す。

●バリューチェーンマッピング

自社の強みを生かせる分野、事業リスクを減らすために必要な事項を抽出するため、自社のバリューチェーンの各工程を分析対象として、この中で発生する正と負の影響を洗い出す手順。

●バリュー・プロポジション分析

自社が製品を通して顧客に提供する価値（バリュー・プロポジション）が、顧客の求めるものに対してどのようにフィットするのかの分析手法。

●ハンズオン支援

独立行政法人中小企業基盤整備機構（中小機構）が新分野進出や新製品・新サービスの開発、営業活動の強化、生産性の向上、原価低減、事業計画の策定など、様々な経営課題の解決を図りたい企業に対して専門家を一定期間（5ヶ月程度〜最大12ヶ月）派遣する制度。中小企業者が主体的に取り組むことで、支援終了後も自立的・持続的に成長可能な仕組み作りをサポートする。

●非財務情報

経営戦略や経営課題、企業が行うサステナビリティの取り組みなど、数値や数量で表せる財務以外の情報。

●ピクトグラム

特定の言語を使わない・分からない場合でも、誰にでも情報を伝えられるように簡略化されたデザインのこと。代表例としては、緑の背景に走っている人間が描かれている非常口のマークが挙げられる。

●ビッグデータ

人間では全体を把握することが難しい巨大なデータ群のこと。近年、社会情勢の変化や関連技術の進化によって、注目を集めている。

●フォアキャスティング

目的達成を目指すにあたり現状を起点として未来を考える手法。反対の言葉はバックキャスティング。

●物流2024年問題

日本の物流業界における深刻な人手不足の問題を指す。2024年度をピークとして、物流業に従事するドライバーや倉庫作業員の数が不足すると予測されている。環境に配慮した物流の効率化や技術革新が必要とされ、企業にとっても人材確保と環境への負荷軽減が課題となっている。

●プラスチックに係る資源循環の促進等に関する法律

プラスチックの資源循環の促進などの取り組み（3R+Renewable（バイオマス化・再生材利用など））を総合的かつ計画的に推進するため、以下の事項などに関する基本方針を策定したもの。2021年6月11日公布、2021年4月1日施行。

- プラスチック廃棄物の排出の抑制、再資源化に資する環境配慮設計
- ワンウェイプラスチック（一度だけ使われて廃棄されるプラスチック製品）の使用の合理化
- プラスチック廃棄物の分別収集、自主回収、再資源化等

●ブルー水素

化石燃料由来の水素だが、製造過程で排出されるCO_2をCCSなどの技術を用いて回収するため、実質のCO_2排出量はゼロとみなされる。

●ブレンデッド・ファイナンス

公的資金と民間資金を組み合わせて開発プロジェクトを支援する手法である。特に、持続可能な開発目標（SDGs）を達成するための資金供給に活用される。ビジネスにおいては、社会的な課題に対してファイナンスを組み立てる際にブレンデッド・ファイナンスの活用が考慮される。

●プロボノ

職業上のスキルや経験を生かして取り組む社会貢献活動のことで、ラテン語の「Pro bono publico（公共善のために）」が語源と言われている。自発的な（無償での）社会貢献活動のことをまとめてボランティアと言うため、プロボノもボランティアの一種。ボランティアの中で「職業上のスキルや経験を生かして社会課題に対して取り組んでいる」場合、プロボノに分類される。

●ポジティブインパクトファイナンス

国連環境計画金融イニシアチブ（UNEPFI）が2017年1月に策定したSDGsの達成に向けた金融の枠組みであり、企業のSDGs達成に向けた貢献を開示し、金融機関などからそのプラスの影響（インパクト）を評価されて融資を受けることにより、さらなるプラスの影響の増大、マイナスの影響の低減の努力を増進させるもの。

ま行

●マテリアリティ

企業や組織が優先して取り組む重要課題。

●メタネーション

水素を二酸化炭素と結合させてメタンを生成する技術。再生可能エネルギーの余剰電力を有効活用し、エネルギーの貯蔵と供給の安定化を図る手段として注目されている。

や行

●よろず支援相談所

中小企業・小規模事業者からの経営上のあらゆる相談に応えるために、国が全国設置した無料の経営相談所。売上拡大や経営改善などの経営課題の解決に向けて、一歩踏み込んだ専門的な提案を行う。また、課題解決に向けて相談内容に応じた適切な支援機関の紹介や課題に対応した支援機関の相互連携をコーディネートする。

ら行

●リニアエコノミー

生産された製品を消費し、廃棄する直線的なモノの流れのこと。リサイクルやリユースされることがなく、サーキュラーエコノミーへの転換が求められている。

●レインフォレスト・アライアンス認証

製品または原料が、持続可能性の3つの柱（社会・経済・環境）の強化に繋がる手法を用いて生産されたものである認証制度。生産者は、認証の取得または更新に先立ち、独立した第三者機関の審査員から、3つの分野のすべてにわたる要件に基づいて評価を受ける。森林、機構、人権、生活水準という基準に焦点が当てられている。

わ行

●ワーク・イン・ライフ

仕事と日々の生活を同等のものとして扱うワーク・ライフ・バランスとは異なり、仕事を生活・人生の一部として扱う概念。人生の目標を第一とし、やりたいことを実現する中に、仕事があるとみなす。

英字

●AI

人工知能（Artificial Intelligence）の略称。コンピュータの性能が大きく向上したことにより、機械であるコンピュータが学習できるようになった。AI技術により、翻訳や自動運転、医療画像診断や囲碁といった人間の知的活動に、AIが大きな役割を果たしつつある。

●CASE

Connected（コネクテッド）、Autonomous（自動化）、Shared（シェアリング）、Electric（電動化）の頭文字を取ったもので、自動車業界の新たな潮流を指す。

●CCS

CO_2の排出源から二酸化炭素を捕捉し、地下などの貯蔵施設に安全に貯蔵する技術。この技術により、CO_2の大気排出量を削減し、気候変動への対策を進めることができる。石炭火力発電所や製鉄所などの産業分野で導入されることが多い。

●CCUS

CO_2の捕捉と貯蔵に加えて、捕捉したCO_2の有効活用を行う技術。捕捉したCO_2を再利用することで、排出量の削減だけでなく、CO_2を有用な資源として活用することが可能となる。例えば、古い油田に捕捉したCO_2を注入し、石油を抽出するために活用すると同時に、CO_2を油田中に固定する技術が開発されている。

●COP（Conference of the Parties）

気候変動枠組み条約（UNFCCC）の締約国会議を指す。気候変動対策の進捗状況を協議し、持続可能な未来のための国際的な合意形成が行われる。

●CSR

Corporate Social Responsibilityの略称。自社と社会との協調を図り、企業価値を高めるための様々な活動を包含する幅広い概念。ISO（国際標準化機構）では、組織の決定および活動が社会および環境に及ぼす影響に対して、透明かつ倫理的な行動を通じて組織が担う責任と定義されている。

●CSV

Creating Shared Valueの略称。企業が事業を通じて社会的な課題を解決することで創出される社会価値（環境、社会へのポジティブな影響）と経済価値（事業利益、成長）を両立させる経営戦略の概念。

●DX

Digital Transformation(デジタルトランスフォーメーション)の略称。データやデジタル技術を使って、顧客目線で新たな価値を創出していくこと。

●ESD

Education for Sustainable Development(持続可能な開発のための教育)の略称。気候変動、生物多様性の喪失、資源の枯渇、貧困の拡大など、人類の開発活動に起因する様々な現代社会の問題を自らの問題として主体的に捉え、人類が将来の世代にわたり恵み豊かな生活を確保できるよう、身近なところから取り組む(think globally, act locally)ことで、問題の解決に繋がる新たな価値観や行動などの変容をもたらし、持続可能な社会を実現していくことを目指して行う学習・教育活動。

●ESG

Environmental, Social, and Governanceの略称であり、環境、社会、企業統治の頭文字をとったもの。環境、社会、企業統治の3つの面を考慮した企業活動を意味する。

●ESG投資

経済的リターンを得ることを前提とした、財務情報以外にも多様に存在するESG要素を考慮する投資手法。

●EV

Electric Vehicleの略称であり、電気を動力にして動く車両全般を指す言葉。

●GX

Green Transformation(グリーントランスフォーメーション)の略称で、温室効果ガスの排出が少ないクリーンなエネルギーの供給や環境対策の導入など、「グリーンによる変革」を行いながら持続可能な社会の実現を目指すもの。

●GX-ETS(Green Transformation Emission Trading Scheme)

GXリーグにおける自主的な排出取引システムを指す。企業や組織が排出権を取引することで、環境への負荷を把握し、排出量の削減を進める仕組み。排出取引に参加することで、企業の環境への配慮度を高め、持続可能なビジネスへの転換が促進される。

●GX実行推進担当大臣

2022年に新設された、GXを推進するための担当大臣。萩生田光一氏が初代、2023年8月現在は西村康稔氏。

●ICT

Information and Communication Technologyの略称。日本語では、「情報通信技術」と訳され、コンピュータを単独で使うだけでなく、ネットワークを活用して情報や知識を共有することも含めた幅広い言葉。

●IOWN(Innovative Optical and Wireless Network)構想

日本のNTTが提唱している次世代の情報通信インフラ構築に向けた取り組みである。光技術と無線技術を融合させ、高速かつ省エネな情報通信インフラの実現を目指す。IOWN構想に基づいた情報通信技術の進化がDXに大きく寄与。

●IPCC (Intergovernmental Panel on Climate Change)

政府間の気候変動に関する諮問機関。気候変動に関する最新の科学的知見を政策立案者や一般市民に提供し、持続可能な社会の実現に向けた国際的な協力を促進する。報告書を定期的に発表し、気候変動の原因や影響、対策についての情報を提供するとともに、ビジネスにおいてもIPCCの報告書を理解し、持続可能性戦略やリスク評価に活用することが重要。

●IR

Investor Relations（投資家向け広報）の略称。事業運営のための資金を提供してくれる投資家や株主に向けて、投資を判断する際に必要な自社の情報を、自主的に公平に提供する活動のこと。

●MaaS (Mobility as a Service)

交通サービスを一元管理し、利用者にとって便利な移動サービスを提供するコンセプト。公共交通機関、自動車、自転車、シェアサイクルなど、多様な移動手段を統合し、スマートフォンアプリなどを通じて利用者に提供される。個々人が車を所有する必要がなくなり、交通量や渋滞の緩和、エネルギー効率の向上に寄与する。環境への配慮と共に、ビジネスの効率化にも役立つ新たな移動サービスの概念。

●KPI

Key Performance Indicatorの略称で、重要業績評価指標。

●MDGs

Millennium Development Goals（ミレニアム開発目標）の略称であり、2001年～2015年の間で特に途上国の人々が直面していた多くの問題を解決する目標。2015年までに達成すべき8つの目標が掲げられている。

目標1：極度の貧困と飢餓の撲滅
目標2：普遍的初等教育の達成
目標3：ジェンダーの平等の推進と女性の地位向上
目標4：乳幼児死亡率の削減
目標5：妊産婦の健康の改善
目標6：HIV／エイズ、マラリア及びその他の疾病の蔓延防止
目標7：環境の持続可能性の確保
目標8：開発のためのグローバル・パートナーシップの推進

●OEM

Original Equipment Manufacturingもしくは、Original Equipment Manufacturerの略称であり、委託者（他社ブランド）の製品を製造すること、または製造を受託する企業のこと。

●ODM

Original Design Manufacturingの略称であり、委託者（他社ブランド）の製品を設計・製造すること、またはメーカーのこと。

●PDCAサイクル

業務の品質や効率を高めることを目的とした業務管理手法の1つ。業務上のプロセスを4つ（Plan／計画、Do／実行、Check／評価、Action／改善）に分けて実行することにより、業務品質や効

率の向上を図る。

●PRI

Principles for Responsible Investment(責任投資原則)の略称。ESGという要素の他、投資家が責任ある投資を行うための6原則が提唱された。PRIへの署名は、これからの投資行動にESG要素を反映していく意思を明確にすることを意味する。

原則1:投資分析と意思決定のプロセスにESG課題を組み込む。

原則2:活動的な所有者となり所有方針・所有習慣にESG課題を組み込む。

原則3:投資対象の主体に対してESG課題の適切な開示を求める。

原則4:資産運用業界に原則の受け入れと実行の働きかけをする。

原則5:原則を実行するときの効果を高めるために協働する。

原則6:原則の実行に関する活動状況や進捗状況を報告する。

●SAF(Sustainable Aviation Fuel)

航空機の燃料として利用される持続可能な航空燃料を指す。化石燃料に比べてCO_2排出量が低く、航空産業の持続可能性向上に寄与する。航空業界が環境問題に対応するため、SAFの普及が進んでいる。

●SDGs

Sustainable Development Goals(持続可能な開発目標)の略称。2015年9月の国連サミットで加盟国193カ国の全会一致で採択された「持続可能な開発のための2030アジェンダ」に記載されており、2030年までに持続可能でよりよい世界を目指す国際目標です。17の目標とそれらを達成するための169のターゲットで構成されている。

●SDGsウォッシュ

SDGsに取り組んでいるように見えて実態が伴わないこと。

●SDGs債

発行体のサステナビリティ戦略における文脈に即し、環境・社会課題解決を目的として発行される債券のこと。元利払いにおける一般的なSDGs債の信用力は、その発行体が発行する他の通常の債券と同様。SDGs債が通常の債券と異なる点は、環境・社会課題解決のための資金使途が特定されている及び/又はSDGsの実現に貢献するKPI設定/SPTs(サステナビリティパフォーマンスターゲット/サステナビリティの目標数値や達成目標)達成型の性質を持っていることであり、複数の投資家から集められた投資資金は、直接金融市場を通じて、SDGs達成に貢献する。

●SDGsネイティブ世代

幼い頃から日常生活や学校教育などでSDGsに関する言葉や知識に触れ、環境問題や社会課題に高い関心を持つ人を指す言葉。主にミレニアル世代(1981年~97年生まれ)とZ世代(1998年から2010年生まれ)の若者の総称とされている。

●SDGs未来都市

地方創生SDGsの達成に向け、優れたSDGsの取り組みを提案する地方自治体。

●Society5.0

AIやIoT、ロボット、ビッグデータなどの革新技術をあらゆる産業や社会に取り入れることにより実現する新たな未来社会の姿。狩猟社会（Society 1.0）、農耕社会（Society 2.0）、工業社会（Society 3.0）、情報社会（Society 4.0）に続く、人類社会発展の歴史における5番目の新しい社会の姿とも言える。第5期科学技術基本計画（2016年度～2022年度）において日本が目指すべき未来社会の姿として初めて提唱された。

●SRI

Socially Responsible Investmentの略称であり、社会的責任投資のこと。従来の財務的側面だけでなく、企業として社会的責任（社会的・倫理的側面など）を果たしているかといった状況も考慮して投資対象を選ぶことを言う。古くは、米国でキリスト教の教会が資産運用を行う際に、タバコやアルコール、ギャンブルなどのキリスト教の教えに反する内容の業種を投資対象から外したことがSRIの始まりだといわれている。

●STEAM（スティーム）教育

STEAMとは、Science（科学）、Technology（技術）、Engineering（工学）、Mathematics（数学）の4分野に跨る理数教育に、Art（芸術、文化、生活、経済、法律、政治、倫理など）を加えたもの。STEAM教育とは、各教科などでの学習を実社会での問題発見・解決に活かしていくための教科横断的な教育活動。

●VUCA（ブーカ）

ビジネスや市場環境が大きく変化し、先行きが不透明で未来が予測できない状態を指す。以下の言葉の略。

Volatility：変動制・不安定性
Uncertainty：不確実性
Complexity：複雑性・不可逆的
Ambiguity：曖昧性・不明確さ

●Will/Can/Must

自社が実現したいこと・企業理念・戦略（Will）、自社の強み（Can）、社会から求められていること・市場規模（Must）を意味する。主にキャリアプラン構築などの目標設定におけるフレームワークに使われる。

数字

●3R

Reduce（リデュース）、Reuse（リユース）、Recycle（リサイクル）の3つのRの総称。

- **Reduce**（リデュース）：製品をつくる時に使う資源の量を少なくすることや廃棄物の発生を少なくすること。耐久性の高い製品の提供や製品寿命延長のためのメンテナンス体制の工夫なども取り組みの1つ。
- **Reuse**（リユース）：使用済製品やその部品などを繰り返し使用すること。その実現を可能とする製品の提供、修理・診断技術の開発、リマニュファクチャリングなども取り組みの1つ。

- **Recycle**（リサイクル）：廃棄物などを原材料やエネルギー源として有効利用すること。その実現を可能とする製品設計、使用済製品の回収、リサイクル技術・装置の開発なども取り組みの1つ。

●4大公害病

公害によって引き起こされた健康被害を指す。四日市ぜんそく、イタイイタイ病、水俣病、新潟水俣病が含まれる。高度経済成長期の日本において、環境を度外視した経済成長の結果引き起こされた。

●5つのP

SDGs17の目標を5つのグループに分け、People、Planet、Prosperity、Peace、Partnershipの頭文字を取ったもの。それぞれの意味は以下の通り。

- **人間**（**people**）：すべての人の人権が尊重され、尊厳をもち、平等に、潜在能力を発揮できるようにする。貧困と飢餓を終わらせ、ジェンダー平等を達成し、すべての人に教育、水と衛生、健康的な生活を保障する。
- **地球**（**planet**）：責任ある消費と生産、天然資源の持続可能な管理、気候変動への緊急な対応などを通して、地球を破壊から守る。
- **豊かさ**（**prosperity**）：全ての人が豊かで充実した生活を送れるようにし、自然と調和する経済、社会、技術の進展を確保する。
- **平和**（**peace**）：平和、公正で、恐怖と暴力のない、インクルーシブな（すべての人が受け入れられ参加できる）世界を目指す。
- **パートナーシップ**（**partnership**）：政府、民間セクター、市民社会、国連機関を含む多様な関係者が参加する、グローバルなパートナーシップにより実現を目指す。

●5S

整理（Seiri）、整頓（Seiton）、清掃（Seisou）、清潔（Seiketsu）、躾（Shitsuke）をローマ字読みした際の頭文字の「S」を取ったもの。

MEMO

資料編

資料①GX実現に向けた基本方針の概要

〈背景〉

カーボンニュートラルを宣言する国･地域が増加(GDP ベースで 9 割以上)し、排出削減と経済成長をともに実現する GX に向けた長期的かつ大規模な投資競争が激化。GX に向けた取組の成否が、企業・国家の競争力に直結する時代に突入。また、ロシアによるウクライナ侵略が発生し、我が国のエネルギー安全保障上の課題を再認識。

こうした中、我が国の強みを最大限活用し、GX を加速させることで、エネルギー安定供給と脱炭素分野で新たな需要・市場を創出し、日本経済の産業競争力強化・経済成長につなげていく。

第 211 回国会に、GX 実現に向けて必要となる関連法案を提出する。

(1) エネルギー安定供給の確保を大前提とした GX の取組

①徹底した省エネの推進

・複数年の投資計画に対応できる省エネ補助金を創設など、中小企業の省エネ支援を強化。

・関係省庁が連携し、省エネ効果の高い断熱窓への改修など、住宅省エネ化への支援を強化。

・改正省エネ法に基づき、主要 5 業種(鉄鋼業・化学工業・セメント製造業・製紙業・自動車製造業)に対して、政府が非化石エネルギー転換の目安を示し、更なる省エネを推進。

②再エネの主力電源化

・2030 年度の再エネ比率 36 ～ 38%に向け、全国大でのマスタープランに基づき、今後 10 年間程度で過去 10 年の 8 倍以上の規模で系統整備を加速し、2030 年度を目指して北海道からの海底直流送電を整備。これらの系統投資に必要な資金の調達環境を整備。

・洋上風力の導入拡大に向け、「日本版セントラル方式」を確立するとともに、新たな公募ルールによる公募開始。

・地域と共生した再エネ導入のための事業規律強化。次世代太陽電池(ペロブスカイト)や浮体式洋上風力の社会実装化。

③原子力の活用

・安全性の確保を大前提に、廃炉を決定した原発の敷地内での次世代革新炉への建て替えを具体化する。その他の開発・建設は、各地域における再稼働状況や理解確保等の進展等、今後の状況を踏まえて検討していく。
・厳格な安全審査を前提に、40 年＋ 20 年の運転期間制限を設けた上で、一定の停止期間に限り、追加的な延長を認める。その他、核燃料サイクル推進、廃炉の着実かつ効率的な実現に向けた知見の共有や資金確保等の仕組みの整備や最終処分の実現に向けた国主導での国民理解の促進や自治体等への主体的な働き掛けの抜本強化を行う。

④その他の重要事項
・水素・アンモニアの生産・供給網構築に向け、既存燃料との価格差に着目した支援制度を導入。
水素分野で世界をリードするべく、国家戦略の策定を含む包括的な制度設計を行う。
・電力市場における供給力確保に向け、容量市場を着実に運用するとともに、予備電源制度や長期脱炭素電源オークションを導入することで、計画的な脱炭素電源投資を後押しする。
・サハリン１・２等の国際事業は、エネルギー安全保障上の重要性を踏まえ、現状では権益を維持。
・不確実性が高まる LNG 市場の動向を踏まえ、戦略的に余剰 LNG を確保する仕組みを構築するとともに、メタンハイドレート等の技術開発を支援。
・この他、カーボンリサイクル燃料（メタネーション、SAF、合成燃料等）、蓄電池、資源循環、次世代自動車、次世代航空機、ゼロエミッション船舶、脱炭素目的のデジタル投資、住宅・建築物、港湾等インフラ、食料・農林水産業、地域・くらし等の各分野において、GX に向けた研究開発・設備投資・需要創出等の取組を推進する。

(2)「成長指向型カーボンプライシング構想」等の実現・実行
・昨年 5 月、岸田総理が今後 10 年間に 150 兆円超の官民 GX 投資を実現する旨を表明。その実現に向け、国が総合的な戦略を定め、以下の柱を速やかに実現・実行。

① GX 経済移行債を活用した先行投資支援
・長期にわたり支援策を講じ、民間事業者の予見可能性を高めていくため、GX 経済移行債を創設し（国際標準に準拠した新たな形での発行を目指す）、今後 10 年間に 20 兆円規模の先行投資支援を実施。民間のみでは投資判断が真に困難な案件で、産業競争力強化・経済成長と排出削減の両立に貢献する分野への投資等を対象とし、規制・制度措置と一体的に講じていく。

②成長志向型カーボンプライシング（CP）による GX 投資インセンティブ

・成長志向型 CP により炭素排出に値付けし、GX 関連製品・事業の付加価値を向上させる。

・直ちに導入するのでなく、GX に取り組む期間を設けた後で、エネルギーに係る負担の総額を中長期的に減少させていく中で導入（低い負担から導入し、徐々に引上げ）する方針を予め示す。

➡ 支援措置と併せ、GX に先行して取り組む事業者にインセンティブが付与される仕組みを創設。

〈具体例〉

(i) GX リーグの段階的発展→多排出産業等の「排出量取引制度」の本格稼働【2026 年度～】

(ii) 発電事業者に、EU 等と同様の「有償オークション」※を段階的に導入【2033 年度～】

※ CO_2 排出に応じて一定の負担金を支払うもの

(iii) 化石燃料輸入事業者等に、「炭素に対する賦課金」制度の導入【2028 年度～】

※なお、上記を一元的に執行する主体として「GX 推進機構」を創設

③新たな金融手法の活用

・GX 投資の加速に向け、「GX 推進機構」が、GX 技術の社会実装段階におけるリスク補完策（債務保証等）を検討・実施。

・トランジション・ファイナンスに対する国際的な理解醸成へ向けた取組の強化に加え、気候変動情報の開示も含めた、サステナブルファイナンス推進のための環境整備を図る。

④国際戦略・公正な移行・中小企業等の GX

・「アジア・ゼロエミッション共同体」構想を実現し、アジアの GX を一層後押しする。

・リスキリング支援等により、スキル獲得とグリーン等の成長分野への円滑な労働移動を共に推進。

・脱炭素先行地域の創出・全国展開に加え、財政的支援も活用し、地方公共団体は事務事業の脱炭素化を率先して実施。新たな国民運動を全国展開し、脱炭素製品等の需要を喚起。

・事業再構築補助金等を活用した支援、プッシュ型支援に向けた中小企業支援機関の人材育成、パートナーシップ構築宣言の更なる拡大等で、中小企業を含むサプライチェーン全体の取組を促進。

(3) 進捗評価と必要な見直し

・GX 投資の進捗状況、グローバルな動向や経済への影響なども踏まえて、「GX 実行会議」等において進捗評価を定期的に実施し、必要な見直しを効果的に行っていく。

・これらのうち、法制上の措置が必要なものを第 211 回国会に提出する法案に明記し、確実に実行していく

出典：kihon_gaiyou.pdf (cas.go.jp) (内閣官房HPより)

資料②GX・サステナビリティ関連資格

GXやサステナビリティ関連の資格も増えつつあります。

●eco検定（環境社会検定）

環境問題に対する理解を深め、持続可能な社会を築くために必要な知識やスキルを持つ人材の育成を目的とした検定試験。

●サステナブル経営／CSR検定

ESGやCSRを中心に、「サステナ経営」についての幅広い知見を求める検定試験。

●サステナビリティ検定

企業のサステナビリティ活動とソリューション、サステナブルファイナンス手法、ステークホルダーとの対話やコンサルティングの際に必要となる知識の習得度を検証する試験。

●SDGs・ESGファシリテーター

一般的なSDGs知識から、ESG金融・投資等の基本的な内容が説明できる対応力、理解度を検証する試験。

●炭素会計アドバイザー資格

国際ルールに則ったCO_2排出量の算定や情報開示への対応ができる人材の育成を目指し創設された国内初の民間資格。

●銀行業務検定試験「CBTサステナブル経営サポート」

金融機関行職員が主として取引先のサステナビリティを推進し、伴走支援していくうえで必要とされる基礎知識と実務知識についてその習得程度を測定する試験。

●CMI Approved Certified Sustainability (CSR) Practitioner training

欧米先進企業のサステナビリティの最新情報やビジネスのケースを伝えながら、企業が生き抜く術としてサステナビリティを包括的に学び、戦略的に実施する方法、事業に統合する方法を学ぶことを目的とする、英国の主要団体CMIの公認資格。

●Certificate in Climate Risk

気候変動、気候リスク、持続可能なファイナンスに関する専門的な知識を測る、英国機関の発行する資格。

出所：金融庁（https://www.fsa.go.jp/policy/sustainable-finance/jinzai.pdf）

資料③
サステナブルファイナンスに係る資格試験・研修等の事例

● Certificate in ESG Investing（CFA協会）

この学習教材は、ESG要素を分析し日々の職務に適応する方法について、詳しく学びたい実務家のために第一線の実務家が開発したもので、PRI（国連責任投資原則）にも認定され国際的な標準資格として広く認識されています。急成長するESG投資の分野で実践的なアプリケーションとテクニカルな知識の両方を提供します。

● CESGA（Certified ESG Analyst）資格（EFFAS（欧州証券アナリスト協会連合会））

CESGAプログラムは、実務家が実務家のために開発した包括的なツールであり、ESG専門家が必要とするすべての関連トピックをカバーしています。さまざまな資産クラスを取り上げ、プロフェッショナルが日常業務に応用できる体系的なESG評価手法や、ESGデータ、ESG報告および規制について学ぶことができます。

● CFA（CFA協会認定証券アナリスト）資格（CFA協会）

CFA（CFA協会認定証券アナリスト）資格は、効果的で持続可能な企業活動を支える金融業界のゴールド・スタンダード（証し）です。CFA資格者は、長期的な視点で世界を見ること、そしてすべての意思決定・行動・思考において、環境、社会、ガバナンス（ESG）の要素を取り入れることを学び、最高レベルの運用を目指す投資専門家です。

●CIIA（国際公認投資アナリスト）資格（ACIIA（国際公認投資アナリスト協会）／日本での試験実施団体－日本証券アナリスト協会）

各国の資本市場の多様性を尊重しつつ、国際的に通用する証券アナリストの育成を目的とする資格。CIIAの学習体系は、証券アナリストに必要とされる国際的に共通する分野を幅広くカバーしていますが、それには、ESG情報の投資プロセスへの統合、サステナブル投資戦略、コーポレートガバナンスなどが含まれています。

●CMA（日本証券アナリスト協会認定アナリスト）資格（日本証券アナリスト協会）

金融・投資の分野で、高度の専門知識と分析技術を応用し、投資情報の分析と投資価値の評価を行い投資助言や投資管理サービスを提供するプロフェッショナルのための資格。学習教材には、非財務情報（ESG情報を含む）の活用、サステナブル（ESG）投資、コーポレートガバナンス、スチュワードシップなどが含まれています。

●GRI認定サステナビリティ・プロフェッショナル（GRI Certified Sustainability Professional）（Global Reporting Initiative（GRI））

GRIスタンダードに精通したサステナビリティ報告の専門家を認定するプログラム。GRI認定研修３コースを受講後に受験資格が得られます。試験はオンラインで英語のみ。認定研修３コースは、GRI本部がオンラインで提供する英語コース、日本のGRI認定研修機関（IDCJ）が提供する日本語コースのどちらかを選択します。

●KSI認定ESGアナリスト・アソシエイト(KSI-ESGAA)(一般社団法人鎌倉サステナビリティ研究所(KSI))

ESG投資に関する基礎的な講座であり、エントリーレベルの位置づけです。ESG投資に関わる方が持つべき視点、押さえておくべきポイントをわかりやすく解説しています。ESG投資の歴史と背景、個別課題、ESG評価と投資戦略、非財務情報、グリーンボンドとインパクト投資など、全18テーマをオンラインで受講可能です。

●SDGs・ESGファシリテーター(一般社団法人金融財政事情研究会)

一般的なSDGs知識から、ESG金融・投資等の基本的な内容が説明できる対応力、理解度を検証する試験。SDGs、ESG分野に関するビジネスの現場で求められる共通言語を身につけ、社会課題の解決が事業機会、投資機会になることを理解します。対象は、金融機関の全行職員、一般企業のSDGs担当者。受験資格なし。

●SDGs・ESG金融検定試験(一般社団法人金融検定協会)

SDGsやESG金融の基本から、これをベースにした金融機関職員としての考え方、カーボンニュートラルをはじめとしたサステナビリティへの取組の重要性や、金融ビジネスへの繋げ方・取引先支援の考え方に関する知識の習得度合いを計るものです。

●Social Value Management Certificate(Social Value Internationa)

Social Value Internationalのプラクティショナー認証制度。プラクティショナーには3つのレベルがあり、社会的価値、インパクトマネジメント、社会的インパクト評価とSROIにおけるSVIフレームワークの実践スキル、知識、実践経験を身につけられるよう設計されています。

●サステナビリティ検定　サステナビリティ・オフィサー（一般社団法人金融財政事情研究会）

企業のサステナビリティ活動とソリューションに関する知識、資金調達（供給）の観点からサステナブルファイナンス手法に関する知識、ステークホルダーとの対話やコンサルティングの際に必要となる知識の習得度を検証する試験。金融機関の法人取引担当者、サステナビリティに関わる一般企業職員が対象。受験資格なし。

●サステナブル経営／CSR検定（1～4級）（株式会社オルタナ、一般社団法人CSR経営者フォーラム、推薦）一般社団法人 日本経営士会）

ESGやCSRを中心に、「サステナ経営」についての幅広い知見を求める検定試験（オンライン）です。1級は「サステナ経営の真髄」（小論文と面接）、2級は「ESGとサステナ経営」、3級は「SDGsとサステナ経営」、4級は「SDGsの基礎」がテーマです。2015年以来、これまで2万人近くが受験しています。

●英国CMI認定サステナビリティ（CSR）プラクティショナー資格講習（Charted Management Institute（資格発行）／Center for Sustainability and Excellence（海外運営）／Sustainavision Ltd.（日本運営））

欧米先進企業のサステナビリティの最新情報やビジネスのケースをお伝えしながら、この国際情勢下で、企業が生き抜く術としてサステナビリティを包括的に学び、戦略的に実施する方法、事業に統合する方法を学んでいただくことを目的としています。この講習は、英国の主要団体CMIの公認資格で世界に通用する資格です。

●外務員資格（日本証券業協会）

金融商品の販売・勧誘等を行う外務員の資質の適格性の確保を目的に実施する外務員資格試験では、投資者保護の観点から、ESG投資や関連金融商品などサステナブルファイナンス（SF）に関する一定の知識の習得を求め、出題範囲としています。また、資格更新研修においても、SFに関する一定の知識の習得を求めています。

●銀行業務検定試験「CBTサステナブル経営サポート」（銀行業務検定協会）

金融機関行職員が主として取引先のサステナビリティを推進し、伴走支援していくうえで必要とされる基礎知識と実務知識についてその習得程度を測定する試験です。試験はCBT方式、または団体様の希望の場所・日時で実施できる団体特別試験（ペーパーベース）で実施しています。

●炭素会計アドバイザー資格（一般社団法人炭素会計アドバイザー協会）

国際ルールに則ったCO_2排出量の算定や情報開示への対応ができる人材の育成を目指し創設された国内初の民間資格です。炭素会計をはじめとした気候変動関連業務に取り組むうえで、必要となる知識について、体系的に学ぶことができ、難易度に応じて、3級から1級までの3資格区分となっています。

●Bloomberg Academy-Sustainable Finance (Bloomberg L.P./BloombergNEF)

金融庁による監督指針に基づく運用会社におけるESG投資戦略に沿った適切な運用の実施、および状況を継続的にモニタリングするために必要な知識の習得。アカデミー開催期間：2ヶ月強（計8回及びBNEF Japan Forumへの特別招待）

●Bloomberg for Education-Bloomberg ESG Certificate (Bloomberg L.P.)

自身のペースで進められるインタラクティブなE-ラーニングコースです。架空のバイサイド資産運用会社のレンズを通して、ESG戦略の実行と規制に対応するESGレポートの方法を学びます。

●PRIアカデミーコース（修了証とデジタルバッジ）(PRIアカデミー)

機関投資家や専門家に実践的かつ応用的なオンライン責任投資トレーニングを提供しています。PRI（責任投資原則）の一員として、独自の専門能力、業界知識、独立したグローバルな視点を活用し、責任投資の最新の考え方に基づくコースをレベル別に用意しています。一部コースは日本語で受講可能です。

●インパクト・アナリスト研修（一般財団法人社会的インパクト・マネジメント・イニシアチブ）

金融・投資機関等の資金提供者において、インパクトを最適化しながら資金提供を実践できる「インパクト・アナリスト」を育成するための研修です。インパクト・ファイナンスおよびインパクト測定・マネジメント（IMM）の基礎知識を学ぶ「基礎編」、より実践的

資料編

なスキルを習得する「実践編」、特定のテーマを深掘りする「選択講座」から構成されます。

●公認会計士（日本公認会計士協会）

公認会計士のサステナビリティ能力開発に関する基本方針を定め、取組を進めています。具体的には、公認会計士向けのサステナビリティ教育シラバス（基礎・共通編、応用編から構成され、サステナビリティ経営、投資家行動、開示、保証を含む）を開発するとともに、気候変動や人的資本開示等に関する研修を提供しています。

出典：金融庁　https://www.fsa.go.jp/policy/sustainable-finance/jinzai.pdf

資料④諸外国におけるGXへの政府支援

EU では、10 年間に官民協調で約 140 兆円程度の投資実現を目標にした支援策を決定し、一部の加盟国では、さらに数兆円規模の対策も決定。米国では、超党派でのインフラ投資法に加え、本年8月に 10 年間で約 50 兆円程度の国による対策（インフレ削減法）を決定。

➡ GX 投資等による GX に向けた取組の成否が、企業・国家の競争力に直結する時代に突入

国	政府支援等	参考：削減目標	参考：GDP
米国 2022.8.16 法律成立	10年間で 約50兆円 （約3,690億＄）	2030年 ▲50-52% （2005年比）	約23.0兆＄
ドイツ 2020.6.3 経済対策公表	2年間を中心 約7兆円 （約500億€）	2030年▲55% （1990年比） ※EU全体の目標	約4.2兆＄
フランス 2020.9.3 経済対策公表	2年間で約4兆円 （約300億€）	2030年▲55% （1990年比） ※EU全体の目標	約2.9兆＄
英国 2021.10.19 戦略公表	8年間で約4兆円 （約260億£）	2030年▲68% （1990年比）	約3.2兆＄

国	政府支援等	参考：削減目標	参考：GDP
EU 2020.1.14 投資計画公表	官民のGX投資額 10年間で 約140兆円 （約1兆€）	2030年▲55% （1990年比）	約17.9兆＄

（出所）各国政府公表資料を基に作成
※換算レートは1＄＝135円、1€＝136円等（基準外国為替相場・裁定外国為替相場（本年10月分適用））

索引

●た行

●な行

●は行

●ま行

●や行

●ら行

●わ行

●数字

●アルファベット

●著者紹介

関 貴大（せき・たかひろ）

早稲田大学 創造理工学部 環境資源工学科卒業、早稲田大学 創造理工学研究科 地球・環境資源理工学専攻修了。大学院在学時に、環境先進国・スイスへの留学を経験。イギリスでの半年間のファームステイを経て、日本IBMに入社。現在はサプライチェーン戦略やサステナビリティ関連のコンサルティングに従事。環境・サステナビリティ分野、およびIT分野を得意とする。著書に『図解ポケット 環境とエネルギー政策がよくわかる本』（秀和システム刊）がある。

松村 雄太（まつむら・ゆうた）

Web3総合研究所 代表。早稲田大学環境総合研究センター 招聘研究員。
NFT、メタバース、生成AIなどについて学べるコミュニティを主宰。
埼玉県立浦和高校、早稲田大学商学部卒。新卒で外資系IT企業に入社し、1年間のインド勤務を経験。その後、外資系コンサルティングファームを経て、メディア系ベンチャー企業にて日本の大手企業向けに、国内外のスタートアップやテクノロジートレンドのリサーチ・レポート作成を担当。近年はWeb3、メタバース、生成AIに注目し、書籍の執筆や監修、講座の作成や監修、講演、寄稿などの活動に力を入れている。
著書に『NFTがよくわかる本』、『メタバースがよくわかる本』、『DAOがよくわかる本』（以上、秀和システム）、『一歩目からのブロックチェーンとWeb3サービス入門』（マイナビ出版）、監修書に『知識ゼロから2時間でわかる＆使える！ChatGPT見るだけノート』（宝島社）、『画像生成AIがよくわかる本』、『Web3がよくわかる本』、『イーサリアムがよくわかる本』（以上、秀和システム）など多数。

図解(ずかい)ポケット
GX(ジーエックス)(グリーン・トランスフォーメーション)がよくわかる本(ほん)

発行日　2023年　9月　7日　第1版第1刷
2024年　9月18日　第1版第2刷

著　者　関(せき)　貴大(たかひろ)／松村(まつむら) 雄太(ゆうた)

発行者　斉藤　和邦
発行所　株式会社　秀和システム
〒135-0016
東京都江東区東陽2-4-2　新宮ビル2F
Tel 03-6264-3105（販売）Fax 03-6264-3094
印刷所　三松堂印刷株式会社

ISBN978-4-7980-7005-6 C0034